看图学烘焙

法式面包自学全书

[法]鲁道夫·兰德曼　著　王萍　译

北京出版集团公司
北京美术摄影出版社

看图学烘焙
法式面包自学全书

[法]鲁道夫·兰德曼 著 王萍 译

摄影：乔戈·雷曼（Joerg Lehmann）
插画：雅尼斯·瓦鲁西克斯（Yannis Varoutsikos）
工艺指导：安妮·卡佐（Anne Cazor）

北京出版集团公司
北京美术摄影出版社

兰德曼之家

鲁道夫·兰德曼（Rodolphe Landemaine），出生于法国马延省，曾在法国传统艺师培训所（Les compagnons du devoir et du tour de France）受训，并最终成为一名出色的面包师兼甜品师。他曾就职于多家知名企业，其中包括：拉杜丽甜品店 [法文名：Laudrée，其竞争对手为享誉全球的皮埃尔·艾尔梅甜品巧克力店（Pierre Hermé）]、保罗·博古斯酒店与厨艺学院（该学院位于法国南部城市里昂）、卢卡斯·卡藤餐厅（Lucas Carton），以及布里斯托酒店（Bristol）。2007年，兰德曼和妻子石川芳美在巴黎第9区开了第一家属于自己的面包房，并取名为"兰德曼之家"，之后，他们又陆续在巴黎其他区开设了多家分店。

脚踏实地、精益求精、享受生活是"兰德曼之家"的三大原则。此外，对于产品制作，"兰德曼之家"坚持使用质量上乘的原材料，如获得"红标"认证的面粉 [红色标签（Label Rouge）是法国农业部为证明农产品高质量而建立的认证制度] 或绿色原生态面粉、AOP黄油（AOP是法文Appellation d'Origine Protegee的缩写，意为"原产地保护命名"，是欧盟原产地命名保护的标志）、时令新鲜果蔬等，并采用天然酵母进行自然发酵。"兰德曼之家"所有巴黎分店的产品都是纯手工制作。不久前，"兰德曼之家"还登陆了日本，并在东京的市中心开设了一家分店和一间点心课室。

本书是鲁道夫·兰德曼的十年呕心之作，目的是帮助您在家中制作出质量上乘、口味绝佳的面包或点心。本书中的每一份食谱都配有详细的文字说明和明晰的制作手法演示图。兰德曼主厨通过本书将毕生所学毫无保留地呈现在了您眼前。那么现在，就请翻开本书，开启属于您的手作美食之旅吧！

目录

如何使用本书

烘焙基础知识

本章列出了面包制作的各种常用原材料（例如小麦粉）、工序（例如和面、烘焙）和配方（例如普通面团、千层酥皮面团）。本章中的每一个主题都配有清晰的图片和详细的解说。

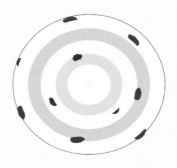

烘焙配方

本章包含制作各式面包时可参照的配方，例如维也纳面包、布里欧修、挞，以及各式餐后甜点。本章中的每一个烘焙配方都配有详细的原材料说明、面包内部结构的剖面图以及清晰明了的制作流程示意图。

术语表

本章以详细的文字说明和直观的图片展示各种烘焙工具的用途，以及各制作工序的作用。

第一章
烘焙基础知识

现代普通小麦面粉

基础知识

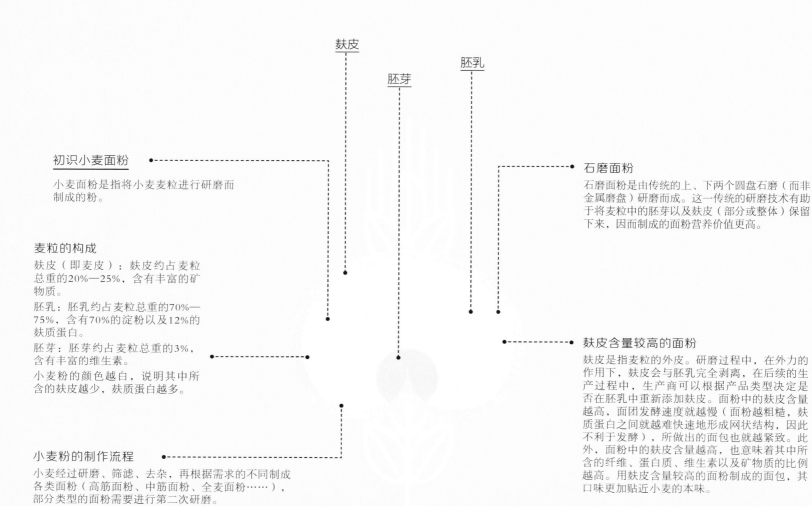

麸皮

胚芽

胚乳

初识小麦面粉

小麦面粉是指将小麦麦粒进行研磨而制成的粉。

麦粒的构成

麸皮（即麦皮）：麸皮约占麦粒总重的20%—25%，含有丰富的矿物质。

胚乳：胚乳约占麦粒总重的70%—75%，含有70%的淀粉以及12%的麸质蛋白。

胚芽：胚芽约占麦粒总重的3%，含有丰富的维生素。

小麦粉的颜色越白，说明其中所含的麸皮越少，麸质蛋白越多。

小麦粉的制作流程

小麦经过研磨、筛滤、去杂，再根据需求的不同制成各类面粉（高筋面粉、中筋面粉、全麦面粉……），部分类型的面粉需要进行第二次研磨。

石磨面粉

石磨面粉是由传统的上、下两个圆盘石磨（而非金属磨盘）研磨而成。这一传统的研磨技术有助于将麦粒中的胚芽以及麸皮（部分或整体）保留下来，因而制成的面粉营养价值更高。

麸皮含量较高的面粉

麸皮是指麦粒的外皮。研磨过程中，在外力的作用下，麸皮会与胚乳完全剥离，在后续的生产过程中，生产商可以根据产品类型决定是否在胚乳中重新添加麸皮。面粉中的麸皮含量越高，面团发酵速度就越慢（面粉越粗糙，麸质蛋白之间就越难快速地形成网状结构，因此不利于发酵），所做出的面包也就越紧致。此外，面粉中的麸皮含量越高，也意味着其中所含的纤维、蛋白质、维生素以及矿物质的比例越高。用麸皮含量较高的面粉制成的面包，其口味更加贴近小麦的本味。

T（灰分）的含义

T（灰分）是指每100克小麦面粉中的矿物质含量，比如：T45小麦面粉的矿物质含量为0.45%，T150小麦面粉的矿物质含量则为1.5%。小麦粉的加工精度越高，颜色就越白，麸皮和矿物质的含量也越低。

灰分含量低的面粉

外观：洁白、细腻。

矿物质含量：低。

麸质蛋白含量：高。

适用范围：白面包、布里欧修、维也纳面包。

制成面包的特点：发酵快，弹性十足，松软，皮薄，无嚼劲，口感略差。

灰分含量高的面粉

外观：呈浅灰色或深灰色、质地粗糙。

矿物质含量：高。

麸质蛋白含量：低。

适用范围：法式乡村面包、花式面包。

制成面包的特点：发酵慢，弹力不足（由于麸质蛋白含量较少），紧致，口感好（由于麸皮含量高）。

什么是麸质蛋白？

麸质蛋白是小麦面粉中所含的一种蛋白质。揉面有助于提高面粉中蛋白质的活跃程度，使蛋白质之间快速地建立起一张结实紧致的"网"。如果揉面时间过长（或过短），这张"网"的坚实度便会下降，空隙也会增多，从而导致发酵气体流失，发酵失败。因此，蛋白质是面粉发酵过程中最为关键的因素。面粉中麸质蛋白的含量越高，发酵速度就越快。我们将不含任何麸质蛋白的面粉称为"澄粉"。

面粉小课堂

T45精制高筋面粉

T65精制面粉

法式传统T65面粉

T80石磨面粉，亦称"半小麦面粉"

T150全麦面粉

T110石磨面粉，全麦

T45白色面粉（不适用于做面包）

外观：洁白、细腻
矿物质含量：0.45%
麸质蛋白含量：高
适用范围：糕点

T45精制高筋面粉

以麸质蛋白含量极高的上等小麦研磨而成，因此
麸质蛋白含量比普通T45面粉高。
外观：洁白、细腻
矿物质含量：0.45%
麸质蛋白含量：高
适用范围：布里欧修、维也纳面包

T55精制面粉

外观：洁白、细腻
矿物质含量：0.55%

麸质蛋白含量：高
适用范围：白面包、蛋挞、比萨和糕点

T65精制面粉

外观：洁白、粗细程度适中
矿物质含量：0.65%
麸质蛋白含量：中等
适用范围：法式乡村面包、蛋挞、比萨和糕点

法式传统T65面粉

绝不含任何添加剂（依照1993年颁布的"面包法
案修订案"）。
外观：洁白、粗细程度适中
矿物质含量：0.65%
麸质蛋白含量：中等
适用范围：传统法式面包

T80石磨面粉，亦称"半小麦面粉"

外观：浅灰色、粗细程度适中
矿物质含量：0.8%
麸质蛋白含量：中等
适用范围：花式面包、糕点

T110石磨面粉，全麦

外观：灰色、颗粒粗
矿物质含量：1.1%
麸质蛋白含量：低
适用范围：全麦面包

T150全麦面粉

外观：灰色、颗粒粗
矿物质含量：1.5%
麸质蛋白含量：低
适用范围：麦麸面包

其他品种的小麦面粉

基础知识

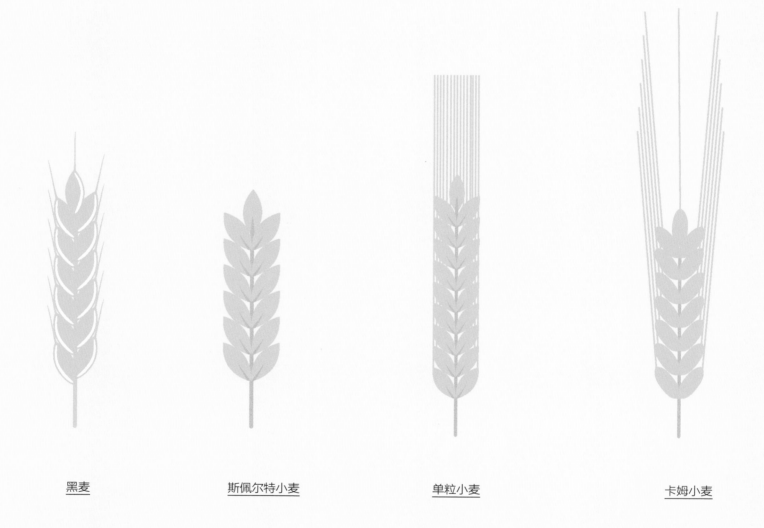

黑麦　　　　　斯佩尔特小麦　　　　　单粒小麦　　　　　卡姆小麦

为什么古老小麦品种须与现代普通小麦混合使用才能制作面包？

古老小麦中的麸质蛋白含量较低，麸质蛋白之间难以形成网状结构。换言之，仅古老小麦这一种成分是很难发酵的。在古老小麦面粉中添加一些富含麸质蛋白的现代普通小麦，有利于面团快速发酵，制成的面包才能松软绵密。

1．斯佩尔特小麦面粉

由斯佩尔特小麦研磨而成。斯佩尔特小麦是软粒小麦的一个亚种，属于古老小麦。

成分：12%的麸质蛋白、丰富的麸皮以及其他多种营养物质。

适用范围：斯佩尔特小麦是现代普通小麦与单粒小麦之间的一种过渡型小麦，仅适用于烘制面包。

成品特点：紧致结实，颜色略深（呈浅栗色），有嚼劲。

面粉小课堂

1   2   3

4

2. 单粒小麦面粉

由单粒小麦研磨而成的面粉。单粒小麦是一种古老的作物，只能采用传统的生态农业手法进行耕种。

成分：含有7%的麸质蛋白，因此很容易被人体所吸收，麸质过敏症患者可食用。

适用范围：只能用于烘制面包，且大部分情况下会与现代普通小麦混合使用，掺入比例一般为50%—70%。

成品特点：紧致结实，面包内部呈黄色，口感微甜。

3. 卡姆小麦面粉（KAMUT®）

由卡姆小麦研磨而成。"卡姆"（Kamut）源于古希腊语，意为"小麦"。卡姆小麦是一种古老的东方小麦，起源于埃及，只能采用传统的生态农业手法进行耕种。如今，卡姆已成为注册商标。

成分：含10%—12%的麸质蛋白，因此很容易被人体所吸收，麸质过敏症患者可食用。

适用范围：只能用于烘制面包，大部分情况下会与现代普通小麦混合使用，掺入比例一般为50%—70%。

成品特点：紧致结实，口感细腻，且带有一股干果的芳香。

4. 黑麦面粉

由黑麦研磨而成。黑麦是一种产自北欧的古老农作物。

成分：含有少量的麸质蛋白。因此，在制作面包时，黑麦面粉相比现代普通小麦面粉发酵速度更慢，成品缺乏弹性。

适用范围：只能用于烘制面包，大部分情况下会与现代普通小麦混合使用，掺入比例一般为20%—50%。

成品特点：紧致结实，口感独特且嚼劲十足，外皮呈深栗色。

无麸质面粉

无麸质作物类型

板栗

荞麦

玉米

大米

澄粉的定义

澄粉是一种不含麸质蛋白的面粉。由于不含麸质蛋白，这一类面粉发酵时内部无法建立网状结构并留住发酵气体，从而导致发面失败。这种无法成功膨发的面粉被称为"澄粉"。澄粉虽然无法发酵膨大，却仍能用于制作面包，只是成品质感会极其紧实。

面粉小课堂

1

2

3

4

1. 板栗粉

由板栗研磨而成。

成分：麸质蛋白含量为0。

使用方法：板栗粉属于澄粉，一般会与现代普通小麦粉混合使用，掺入比例一般为5%—20%。

成品特点：紧致结实，口感微甜，外皮呈米色。

2. 玉米粉

由玉米粒研磨而成。

成分：麸质蛋白含量为0；粒状结构。

使用方法：玉米粉属于澄粉，一般会与现代普通小麦粉混合使用，掺入比例一般为5%—20%。

成品特点：面包内部呈黄色，口感微甜。

3. 荞麦粉

由荞麦研磨而成。荞麦是一种原产于亚洲东北部的灰褐色农作物。

成分：麸质蛋白含量为0。

使用方法：玉米粉属于澄粉，一般会与现代普通小麦粉混合使用，掺入比例一般为5%—20%。

成品特点：紧致结实，面包内部呈灰色，口感微酸。

4. 大米粉

由大米研磨而成。

成分：麸质蛋白含量为0，含有丰富的淀粉。

使用方法：大米粉属于澄粉，一般会与现代普通小麦粉混合使用，掺入比例一般为5%—10%。

成品特点：面包心质地粗糙，口感微甜。

面包专用鲜酵母

基础知识

鲜酵母的定义

鲜酵母是一种单细胞微生物（具体来说，是一种微小的真菌）。鲜酵母、面粉和清水是制作面包的三大基本要素。

鲜酵母的作用

鲜酵母能够催生大量的发酵气体，从而加快发面的速度。

鲜酵母的发酵原理

在氧气的作用下，即在揉面的过程中（揉面这一动作能够将氧气混入面团），面团中的酵母会不断繁殖，同时其生命力也会越来越旺盛。一旦氧气缺失，即当面团静置时（静置这一过程会阻绝氧气进入面团），酵母会将面团中的糖类物质分解成二氧化碳和酒精，而这两种物质会促使面团迅速膨胀。

鲜酵母面包的特点

面包心有丰富气孔，表皮较薄，口感细腻。

注意事项

酵母不能与盐直接接触，否则会脱水死亡。面粉中掺入酵母之后应立刻开始和面。

保存方法

鲜酵母应冷藏保存，其保质期最长为2周。

鲜酵母的购买地点

面包店、有机食品商店、大型超市的烘焙区。

与鲁邦种（LEVAIN）*相比，鲜酵母的优点有哪些？

鲜酵母的发酵速度快，后劲也比较足，并且能够被立即激活。鲜酵母一般会被制成容易搓碎的块状，以避免氧化。

在制作面包的过程中，能否使用干酵母来代替鲜酵母？

鲜酵母脱水后便成了干酵母，因此，干酵母的成分与鲜酵母毫无二致。干酵母一般会被制成粉状，分装后出售。

干酵母浓缩度更高，容易保存，但使用剂量较难把握，所以在使用过程中，所需的剂量要比鲜酵母更少。

* "鲁邦"源于日语对法文"Levain"一词的音译，即天然酵母。

鲁邦种

基础知识

鲁邦种的定义

鲁邦种是利用面粉培养菌种，进而制作成的发酵种。制作过程中不添加工业制成的酵母，而是用面粉和清水搅拌而成。鲁邦种、面粉和清水是制作面包的三大基本要素。

鲁邦种的作用

鲁邦种能够催生大量的发酵气体，从而加快发面的速度。

鲁邦种的发酵原理

首先，需要在面粉中加入清水搅拌。而后，面团中所含的野生酵母菌以及其他微生物会将其中的糖类物质分解成二氧化碳和酒精。我们将这种面团称为"鲁邦硬种"。为了避免面团过酸，我们需要定时续种，即向种面团*中添加适量的清水和面粉，以便控制鲁邦种的发酵程度。在后续过程中，种面团须放置在干燥温暖的环境中，数日后便能顺利制成鲁邦种。当然，在静置的过程中需要定时续种。

鲁邦种制成的面包特点

内部紧致结实，表皮较厚，口感较粗糙。

鲁邦种的两大类型

鲁邦液种（即液态面糊）：要想制成鲁邦液种，需要提高种面团中水的比例，帮助种面团进行乳酸发酵。

鲁邦硬种（即固态面团）：要想制成鲁邦硬种，需要提高种面团中面粉的比例，帮助种面团进行醋酸发酵。

使用鲁邦液种还是鲁邦硬种？应如何选择？

口感：鲁邦液种经乳酸发酵，制成的面包呈现出较细腻的口感；鲁邦硬种经醋酸发酵，制成的面包口感突出，特征鲜明。

表皮：鲁邦液种制成的面包表皮十分轻薄松脆；而鲁邦硬种制成的面包表皮松脆且厚实。

内部结构：鲁邦液种制成的面包内部会出现丰富的蜂窝状气孔；而鲁邦硬种制成的面包内部十分紧致结实（因为鲁邦硬种的酸度更高）。

保质期：鲁邦硬种制成的面包的保质期更长。

与鲜酵母相比，鲁邦种的优点有哪些？

鲁邦种制成的面包风味十足，外观更加质朴，但口感略酸。此外，鲁邦种制成的面包营养价值更高，保质期更长。

为什么鲁邦种制成的面包会发酸？

鲁邦种的特殊成分（野生酵母菌＋其他微生物）会促使面团酸性发酵，因此成品会自带酸性。

鲁邦种干粉

鲁邦种脱水制成干粉后会分装出售，有机食品商店一般会有销售。与纯天然鲁邦种相比，鲁邦种干粉的发酵速度较慢，酸度也较弱。但鲁邦种干粉更易于保存，保质期也更长。

*面团分为两种类型，第一种为种面团，第二种为主面团。种面团是指前段搅拌的面团，即第一次进行搅拌的面团；主面团是指后段搅拌的面团，即用于制作面包的成品面团。

鲁邦液种

基础知识

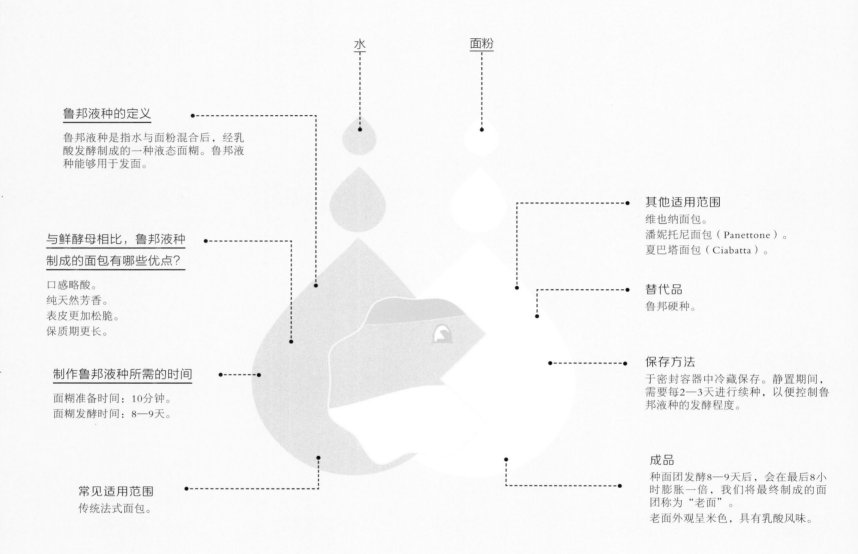

水

面粉

鲁邦液种的定义

鲁邦液种是指水与面粉混合后，经乳酸发酵制成的一种液态面糊。鲁邦液种能够用于发面。

与鲜酵母相比，鲁邦液种制成的面包有哪些优点？

口感略酸。
纯天然芳香。
表皮更加松脆。
保质期更长。

制作鲁邦液种所需的时间

面糊准备时间：10分钟。
面糊发酵时间：8—9天。

常见适用范围

传统法式面包。

其他适用范围

维也纳面包。
潘妮托尼面包（Panettone）。
夏巴塔面包（Ciabatta）。

替代品

鲁邦硬种。

保存方法

于密封容器中冷藏保存。静置期间，需要每2—3天进行续种，以便控制鲁邦液种的发酵程度。

成品

种面团发酵8—9天后，会在最后8小时膨胀一倍，我们将最终制成的面团称为"老面"。
老面外观呈米色，具有乳酸风味。

为什么必须"续种"？

在发酵过程中，面团中所含的天然酵母菌及其他微生物会分解掉其中的糖分。一旦糖分被分解殆尽，发酵进程便会停止。面团中所含的糖分不足，会使制成的面包过酸。

为什么必须将种面团置于温暖干燥的地方？

只有这样，其中的微生物才能够不断繁殖，从而促进发酵，否则会导致成品面包酸味强烈，难以下咽。

为什么必须向种面团中添加蜂蜜？

蜂蜜的加入有助于面团中的微生物不断繁殖，从而加速发酵进程。

难点

在培育鲁邦液种的过程中，最棘手的问题莫过于如何保存种面团。如果面团保存环境的温度不够高，或两次续种间隔时间太短，面团的发酵和膨胀的速度就会放缓，致使成品酸度不足，欠缺香气。相反，如果面团保存环境的温度过高，或两次续种间隔时间过长，成品面包则会酸性强烈，难以下咽。

制作诀窍

种面团需要足够的时间才能达到一定的酸度，因此在培养鲁邦液种的过程中一定要有充分的耐心，续种的间隔时间宁长毋短。

制作方法

制作300克的鲁邦液种

制作鲁邦液种面团（第1步）

有机T65面粉　100克
50℃温水　100克
有机蜂蜜　10克

续种（每36或48个小时续种一次）

温水　100克
有机T65面粉　100克

制作鲁邦液种第1天

将面粉、温水和蜂蜜倒入干净的搅拌碗中充分搅拌。完成后，将搅拌好的面团放入密封容器中，于温暖干燥处静置48小时（环境温度应不低于25℃，可放置于冰箱散热片或暖气片上）。

制作鲁邦液种第3天

面团表面形成细小气泡后，取出100克面团（剩余部分无须加入），将其置于干净的搅拌碗中，然后将100克的面粉与100克的温水混合搅拌（搅拌过程中，请使用干净的搅拌棒或搅拌勺）。续种完毕须将面团放入密封容器中，于温暖干燥处静置36小时。

制作鲁邦液种第5天

重复第3天的续种步骤，完成后将面团放入密封容器中，于温暖干燥处静置36小时。

制作鲁邦液种第6/7天

最后再重复一次第3天的续种步骤，完成后将面团放入密封容器中，于温暖干燥处静置36小时。
第8/9天后，鲁邦液种便完成了。

鲁邦硬种

基础知识

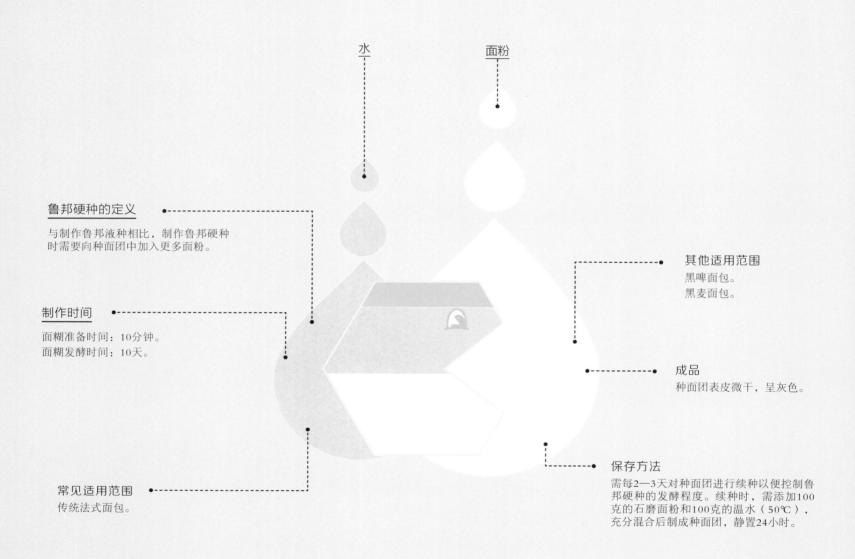

水

面粉

鲁邦硬种的定义

与制作鲁邦液种相比，制作鲁邦硬种时需要向种面团中加入更多面粉。

其他适用范围

黑啤面包。
黑麦面包。

制作时间

面糊准备时间：10分钟。
面糊发酵时间：10天。

成品

种面团表皮微干，呈灰色。

保存方法

需每2—3天对种面团进行续种以便控制鲁邦硬种的发酵程度。续种时，需添加100克的石磨面粉和100克的温水（50℃），充分混合后制成种面团，静置24小时。

常见适用范围

传统法式面包。

与鲁邦液种相比，鲁邦硬种的优点有哪些？

鲁邦硬种制成的面包外皮更加厚且脆，风味更加鲜明独特，保质期也更长。

为什么鲁邦液种与鲁邦硬种制成的面包各方面都不尽相同呢？

硬种面团质地较紧实，制成面包后内部组织较紧致，外皮较厚实。此外，由于硬种面团酸度较高，制成面包的口感也更加鲜明。

如何制作400克的鲁邦硬种

制作鲁邦液种面团（第1步）

有机T65面粉　　100克
50℃温水　　100克
有机蜂蜜　　10克

续种（每36或48个小时续种一次）

温水　　100克
有机T65小麦粉　　100克

制作方法

将鲁邦液种转化成鲁邦硬种

T80或T110石磨面粉　100克
50℃的温水　50克

制作鲁邦硬种第1天

将准备好的面粉、温水和蜂蜜倒入干净的搅拌碗中，充分搅拌后，将面团放入密封容器中，于温暖干燥处静置48小时（环境温度不低于25℃，可置于暖气片上）。

制作鲁邦硬种第3天

面团表面形成细小气泡后，取出100克面团（剩余部分无须加入），置于干净的搅拌碗中，加入100克面粉和100克温水充分搅拌（搅拌过程中，请使用干净的搅拌棒或搅拌勺）。完成后，将面团放入密封容器中，于温暖干燥处静置36小时。

制作鲁邦硬种第5天

重复第3天的续种步骤，然后将面团放入密封容器中，于温暖干燥处静置36小时。

制作鲁邦硬种第6/7天

最后再重复一次第3天的续种步骤，然后将面团放入密封容器中，于温暖干燥处静置36小时。

制作鲁邦硬种第8/9天

取100克面团放入和面机的和面桶中，加入适量的石磨面粉和温水，选择1挡和面5分钟。和面程序完毕后，取出面团，放入密封容器中，于冰箱中冷藏24小时，鲁邦硬种便制作完毕。

波兰种

基础知识

波兰种的定义

波兰种由等比的水和面粉，再加入适量的鲜酵母制作而成。波兰种是一种速成酵头，只需10小时便可以制作完成（鲁邦种则需要8天）。

波兰种制成面包的特点

与鲜酵母相比，波兰种制成的面包风味更加浓郁；与鲁邦种相比，口感则更加温和，酸度较低。此外，波兰种制成面包的内部较粗糙（与鲁邦种制成的面包一样），外皮轻薄（与鲜酵母制成的面包一样）。

制作时间

面糊准备时间：5分钟。
面糊发酵时间：10小时。

波兰种的作用

波兰种与鲁邦种和鲜酵母一样，都是一种酵头。因此，波兰种具有发酵功能，能够发面。

常见适用范围

白面包。
维也纳面包（波兰种的使用有助于面团在烘焙过程中迅速膨胀）。

与鲁邦种相比，波兰种的优点有哪些?

制作简便。
无须生成菌株。
于揉面前数小时内制作即可。

与鲜酵母相比，波兰种的优点有哪些?

发酵时间直接决定了面包的口感。发酵时间越长，面粉越能产生浓郁的香气，因此波兰种制成的面包风味相比鲜酵母更加浓郁。
面粉中的麸质蛋白在醒发过程中会形成网状结构，因此波兰种能够提高组织的韧性，提高面团的延伸性。
波兰种制成的面包更易保存。

难点

适时使用波兰种：波兰种出现凹陷（即面团中间向下塌陷），则说明发酵到位，应立即使用。若过早使用，制成面包的口感便会大打折扣；若未能及时使用，制成面包的口感则会十分酸涩。

制作诀窍

加入适量的温水有助于加快发酵的速度。

制作方法

1

2

3

如何制作200克的波兰种

法式传统T65面粉　100克
冷水　100克
面包专用鲜酵母　一小撮

1.
先将鲜酵母搓碎，加入冷水稀释。

2.
倒入准备好的面粉，搅拌均匀。

3.
用食品级保鲜膜盖住碗口。
常温保存，静置10小时左右。
和面程序开始时，将波兰种与其他制作材料混合揉匀。

水

基础知识

水的定义

水和面粉、酵母一样，都是制作面包时不可或缺的食材。

水的温度

水的温度直接影响了面团的温度（面团搅拌后的理想温度通常为22℃—24℃）。

水的作用

湿润面粉（从而形成面团），一般而言，1千克的面粉需要注入550—750克水。

溶解食盐和酵母。

帮助面团形成内部网状结构。

软化麸质蛋白，从而增加面团的弹性。

为酵母创造湿润的环境，提升酵母活性。

为什么必须合理控制面团的温度？

只有面团达到适宜的温度（22℃—24℃），其中的酵母才能够最大限度地发挥作用，从而将面团中的糖分分解为二氧化碳。如果面团温度过低或过高，酵母的活性会受到极大的影响，做出的面包自然也就不好吃了。

如何计算理想水温？

粉温（即面粉温度）+室温+水温的总和必须控制在55℃—65℃。通常，面粉的温度与室温相等，因此，要计算出理想的水温，只需按照以上公式做减法即可，即理想水温=总温（55℃—65℃）–（粉温+室温）。

水温过低会产生何种不良影响？

水温过低，总温也会过低。这时，酵母的发酵程度会十分不理想，面团会缺乏弹性，制成面包后内部无法膨发到位，表皮不均匀。

水温过高会产生何种不良影响？

水温过高，总温也会过高。这时，面团会变得十分黏稠，制成面包的内部粗糙，有颗粒感，表皮晦暗无光。

加多少水合适？

加水是指在面粉中加入适量的清水，以便制成面团。一般而言，100千克面粉需要加入55—75升水。水量会直接影响面包的内部结构和外观：水量过少，面团的表皮在烘烤时会迅速干燥，外皮烘干所需的时间越长，成品的外皮越厚实。

盐

基础知识

盐的定义

盐和水、面粉、酵母一样，都是制作
面包时不可或缺的食材。

如何选择正确的盐

应选择由海盐制成的细盐或粗盐。
每1千克面粉掺入18—20克食盐
为宜。

盐在面团制作过程中的作用

使面团的质地变得更加紧密。因为盐
能够增加麸质蛋白的组织密度，从而
增加麸质蛋白的强度和韧性，让麸质
蛋白不易断裂。
调控酵母的发酵速度。盐的存在能够
使酵母的发酵放缓，如果没有盐，面
团在酵母的作用下会迅速膨胀。

盐对于成品面包的作用

增添面包的风味。
改善面包的颜色。
具有一定的保水功能，有助于维持面包内部
的湿度，使面包保持柔软。

注意事项

酵母不能与盐直接接触，否则会脱水死亡；
面粉中掺入酵母之后应立刻开始和面。

为什么酵母与盐直接接触之后会脱水死亡?

盐会将酵母中所含的水分吸收殆尽，致使酵母脱水死亡。酵母一旦脱水，活性便会大打折扣，甚
至彻底失去发酵能力。

食用油脂和牛奶

基础知识

食用油脂

食用油脂的定义

食用油脂是动物性或植物性脂肪酸。

食用油脂的作用

食用油脂的使用能够影响面包的表皮以及内部结构，使面包形成既薄又软的外皮，令内部结构柔软、纹理细致。

食用油脂的适用范围

维也纳面包。
布里欧修。
意大利面包。

牛奶

牛奶的定义

如果没有特别说明，烘焙食谱中所用到的牛奶指的是普通牛奶。牛奶中包含87%的水分以及4%的油脂。

牛奶的作用

牛奶中含有大量的水分，因此它的加入能够增加面团的水分。
牛奶中所含的油脂能够令面包更加松软。
牛奶的加入能够改善面包的色泽和口感。

使用诀窍

最好使用常温的黄油或麦淇淋，以便迅速与面团融合。

起酥黄油（Beurre de Tourage）

与普通黄油相比，起酥黄油所含的油脂更多，水分更少，常用于制作酥皮。由于水分少，起酥黄油融化速度慢，更易于操作。在烘焙的过程中，起酥黄油并不会真正融化在面团中，因此能够有效起酥，给予酥皮鲜明的层次感。

食用油

食用油是一种植物性油脂，与等重的黄油相比，食用油所含的水分更多，补水效果更好。与等体积的黄油相比，食用油的重量更轻。食用油常用于制作咸味面包。

牛奶的常见适用范围

维也纳面包。
布里欧修。

植物性饮品

制作面包的过程中，同样也可以使用其他植物性饮品代替牛奶。
制作原味面包，可以选用豆浆、大米浆或燕麦浆替代牛奶。
要增添面包的风味和口感，可以选用榛子浆、杏仁浆或斯佩尔特小麦浆替代牛奶。

糖和鸡蛋

基础知识

糖

糖的定义

糖是由甘蔗或甜菜中榨取出的液体，经过除杂质、提纯、风干和粉碎等工序制成的成品糖。

糖的作用

改善面团的物理性质及内部的组织结构，使面团更易于操作。

提高酵母活性，因为糖本身是可发酵的，可以为酵母活化提供养分。

增加香气，改善面包的口感。

在美拉德反应（第285页）的作用下，糖能够在烘烤过程中改善面包的色泽。

如何挑选合适的糖

细砂糖：面包房最常用的糖是细砂糖。

蔗糖：要增添面包的风味，可以使用蔗糖。

糖粉：糖粉是指研磨得极细，几乎无颗粒感的粉末状糖制品。糕点店烘焙时常选用糖粉，因为它更易与面团融合。

鸡蛋

鸡蛋的定义

面包房一般只选用鸡蛋，其他家禽蛋不予采用。

1枚中等大小的鸡蛋约重50克。

其中32克为蛋清（富含水分），18克为蛋黄（富含蛋白质）。

蛋液的作用

入炉前，在面团表面涂抹蛋液以改善成品的色泽。

蛋液与细砂糖、食用油脂一样，能够增加面包的香气。

蛋液是一种优良的黏合剂。

蛋液能够使面包内部变得更加蓬松酥软。

常见适用范围

布里欧修。

法式蛋糕。

为什么蛋液能够使面包内部变得蓬松酥软？

蛋液中所含的蛋白质具有很强的表面活化作用，有助于空气进入面团中。事实上，蛋液中所含的蛋白质不仅能够锁住空气，还能留住面团中的水分。

手工和面

基础知识

手工和面的定义

手工和面指将所有用于制作面包的材料混合在一起后，用手搅拌和揉搓。

作用

手工揉面的过程中，空气不断被裹入面团，从而加快发酵的速度，即所谓的"有氧"阶段。

手工揉面动作使面团中的麸质蛋白建立起紧密的联系，进而在内部建立起网状结构，此时面团便开始进入"发酵"阶段。

所需时间

15分钟。

辅助器具

温度计。

难点

手工揉面的难点在于把握面团的温度（面团的理想温度为23℃—24℃）。

此外，时间的把握也很关键，揉面时间充足，麸质蛋白间才能建立起网状结构，从而令面团弹性十足；如果揉面时间不足，发酵时产生的气体很有可能会"逃走"，从而导致发面失败。

诀窍

揉面完毕之后，可以试着轻轻地扯下一小块面团，扯不断则证明面揉到位了（即麸质蛋白间建立的网状结构十分牢固）。

成品状态

揉到位的面团质地均匀，表面光滑，富有弹性且不粘手。

揉面时间过长，会产生何种不良影响？

揉面时间过长，麸质蛋白间建立的网状结构会越来越薄，面团会因此发黏。

揉面时间不足，会产生何种不良影响？

揉面时间不足，麸质蛋白间建立的网状结构便会不够紧实，无法锁住发酵气体，制成的面包会十分干瘪。

为什么面团的理想温度为23℃—24℃？

鲜酵母和鲁邦种中所含的酵母菌及其他微生物都是生命体，能够在发酵的过程中将面团中的糖分分解成二氧化碳。23℃—24℃的环境温度能使其发挥最大的效能。

手工和面步骤

1

2

3

4

5

6

7

8

手工和面所需的原材料

面粉
水
酵母
盐

1.
将盐和酵母放入干净的搅拌碗中，加入适量的水稀释。

2.
将面粉撒在干净的操作台上，堆成一个圆圈，将第1步中制成的液体倒在中间，让面粉把液体包围起来，再慢慢地将四周的面粉与液体混合在一起，这便是所谓的"混合搅拌阶段"（frasage）。

3.
粗略地将面团揉成一个正方形，切下左侧的四分之一。

4、5.
将切下的四分之一粘在面团右侧。如此反复操作3分钟即可。这一做法有助于增强麸质蛋白间网状结构的结实度，从而增加面团的弹性。我们将这一阶段称为"切割及黏合阶段"。

6、7.
捏住面团较大的一端将面团提起来，再重重地甩在操作台上，然后对折，将空气包裹起来。这便是所谓的"拉伸及换气阶段"。

8.
用温度计测量面团的温度，以23℃—24℃为宜。

机器和面

基础知识

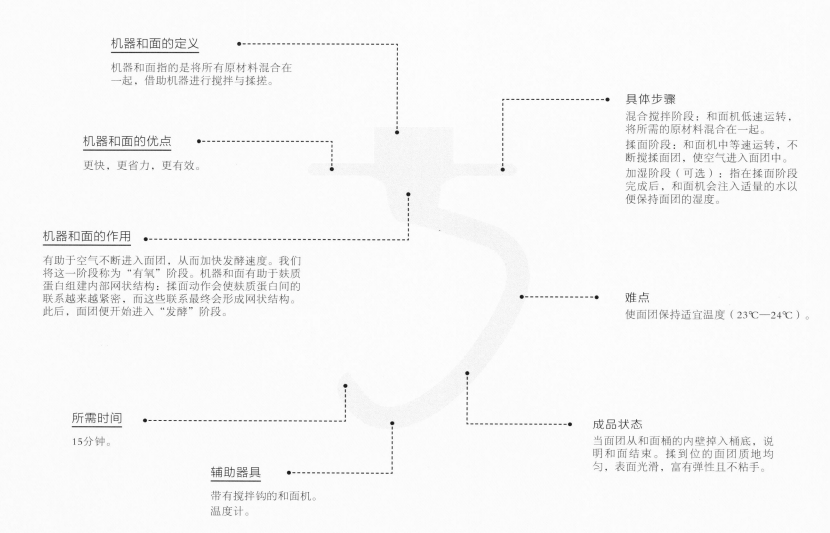

机器和面的定义

机器和面指的是将所有原材料混合在一起，借助机器进行搅拌与揉搓。

机器和面的优点

更快，更省力，更有效。

机器和面的作用

有助于空气不断进入面团，从而加快发酵速度。我们将这一阶段称为"有氧"阶段。机器和面有助于麸质蛋白组建内部网状结构：揉面动作会使麸质蛋白间的联系越来越紧密，而这些联系最终会形成网状结构。此后，面团便开始进入"发酵"阶段。

所需时间

15分钟。

辅助器具

带有搅拌钩的和面机。
温度计。

具体步骤

混合搅拌阶段：和面机低速运转，将所需的原材料混合在一起。
揉面阶段：和面机中等速运转，不断搅揉面团，使空气进入面团中。
加湿阶段（可选）：指在揉面阶段完成后，和面机会注入适量的水以便保持面团的湿度。

难点

使面团保持适宜温度（23℃—24℃）。

成品状态

当面团从和面桶的内壁掉入桶底，说明和面结束。揉到位的面团质地均匀，表面光滑，富有弹性且不粘手。

手工和面与机器和面制成的面团质地有何区别？

和面过程中，面团会不断受到拉扯与按压。相比手工和面，机器和面时拉扯与按压的力度更大，面团中麸质蛋白间的网状结构也会更加结实。因此，机器和面所制成的面团更富有弹性，制成的面包更加蓬松柔软。

为什么和面的时长如此重要？

不同类型的面包和面的时长也各不相同。和面时间短可以保存面粉的香气，但不利于麸质蛋白间网状结构的形成（延长一次发酵时间可以弥补这一缺点）。因此想要做出风味独特的面包，需缩短和面时间。相对的，和面时间越长，面团的弹性越好，美中不足的是会影响面包的口感。如果要想做出口感纯正、质地均匀的面包（比如法棍），一定要延长和面时间。

加湿阶段的定义

指在揉面阶段结束以后，为了使干硬的面团变得柔软一些，向面团中注入适量的水。这样制成的面包表皮会更加轻薄、细腻（面团中的水分越多，烘烤时干的速度越慢，表皮所需的烘焙时间就越短）。

为什么揉面的速度应当先慢后快？

第一次揉面时，为了将所有原材料充分混合，和面机应开低速挡。第二次揉面时，为了让麸质蛋白间建立起结实的网状结构，并使充足的空气混入面团，应将速度调快，调成中速挡。

机器和面步骤

1

2

3

机器和面所需的原材料

面粉
水
酵母
盐

1、2.
将所有原材料倒入和面桶中，然后选择1挡搅拌4分钟，即所谓的"混合搅拌阶段"。

3.
将速度调快至中速挡，持续搅拌直到面团质地均匀，表皮光滑，从和面桶内壁落至底部。这一阶段大约需要6分钟，即"揉面阶段"。用温度计测量面团的温度，以23℃—24℃为宜。

发酵

基础知识

发酵的定义

发酵是指酵母（鲜酵母或鲁邦种）中的微生物将面粉中的糖分分解为二氧化碳和酒精。二氧化碳和酒精的释放能够促使面团迅速膨胀。

发酵时的理想温度

面团的理想温度为23℃—24℃，这一温度最适合酵母中的微生物繁殖，制成的面包也最富香气。

发酵的作用

有助于面团迅速膨胀。
能够改善面包的口感、增加面包的香气。

如何选择酵母？

鲜酵母：鲜酵母的发酵速度非常快，因为能够催生大量的二氧化碳和酒精。我们将鲜酵母的发酵类型称为酒精发酵。用鲜酵母制成的面包蓬松柔软，口感纯正。

鲁邦液种：鲁邦液种的发酵速度比较慢（因此往往需要加入一些鲜酵母作为辅助）。此外，鲁邦液种在发酵的过程中对温度和湿度有一定的要求。我们将鲁邦液种的发酵类型称为乳酸发酵。鲁邦液种制成的面包口感略酸，但香气十足。

鲁邦硬种：鲁邦硬种的发酵时间很长，且必须在湿冷的环境下进行。我们将鲁邦硬种的发酵类型称为醋酸发酵。鲁邦硬种制成的面包口感略酸，却极具风味。

发酵流程

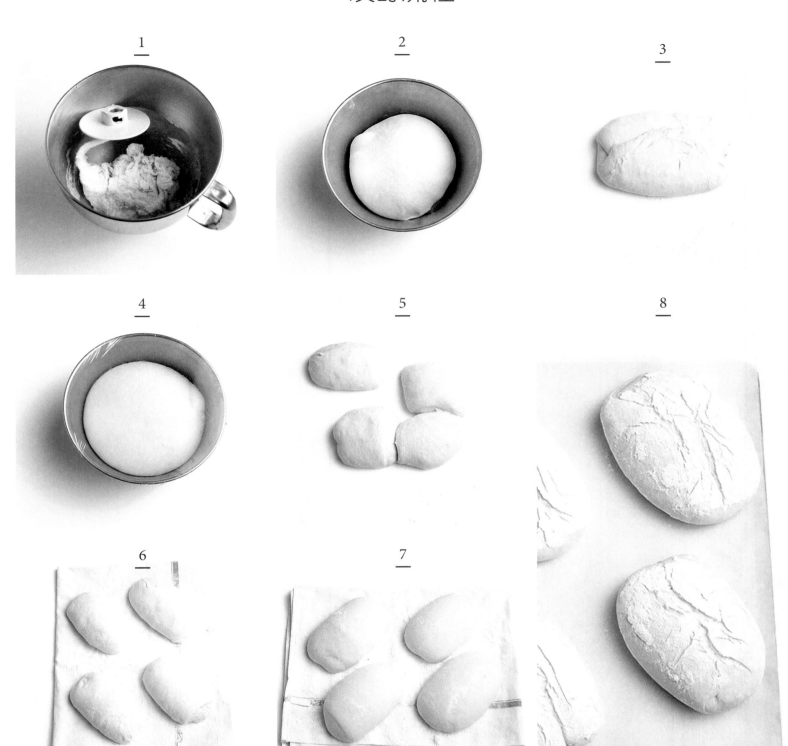

1. 揉面

揉面动作能够使空气进入面团，从而激活酵母。

2. 一次发酵（初期）

厌氧阶段：此阶段面团中氧气缺失，酵母开始分解面团中的糖分并生成二氧化碳。二氧化碳的释放促使面团第一次膨胀。

3. 折叠

折叠动作使空气（即氧气）进入面团，再次激活酵母。

4. 一次发酵（末期）

厌氧阶段：此阶段中面团中氧气依旧缺失，酵母开始再次分解面团中的糖分并生成二氧化碳。二氧化碳的释放促使面团继续膨胀。

5. 初次整形

按照希望制成的面包形状分割面团并做初次整形。

6. 松弛

最终整形前应将面团静置一段时间，令面团松弛。

7. 最终整形

8. 二次发酵

二次发酵的原理与一次发酵原理相同。但二次发酵直接决定了面包的最终形状。

一次发酵

基础知识

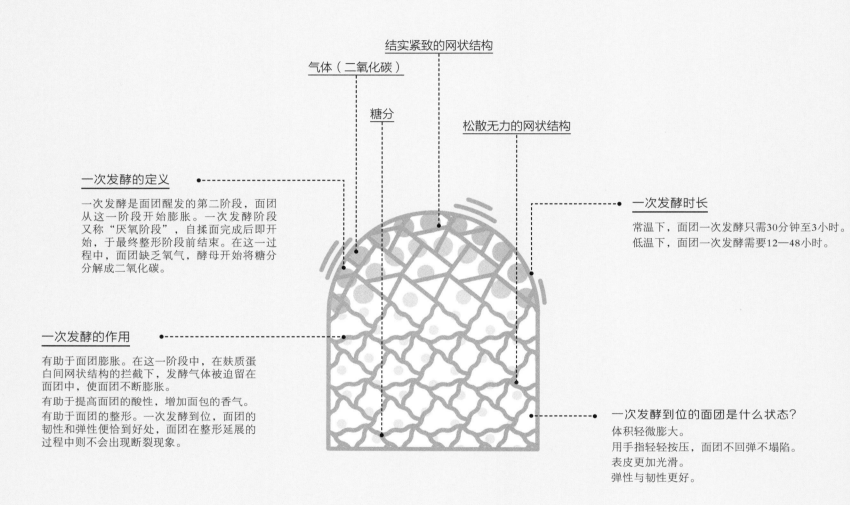

结实紧致的网状结构

气体（二氧化碳）

糖分

松散无力的网状结构

一次发酵的定义

一次发酵是面团醒发的第二阶段，面团从这一阶段开始膨胀。一次发酵阶段又称"厌氧阶段"，自揉面完成后即开始，于最终整形阶段前结束。在这一过程中，面团缺乏氧气，酵母开始将糖分分解成二氧化碳。

一次发酵的作用

有助于面团膨胀。在这一阶段中，在麸质蛋白间网状结构的拦截下，发酵气体被迫留在面团中，使面团不断膨胀。
有助于提高面团的酸性，增加面包的香气。
有助于面团的整形。一次发酵到位，面团的韧性和弹性便恰到好处，面团在整形延展的过程中则不会出现断裂现象。

一次发酵时长

常温下，面团一次发酵只需30分钟至3小时。
低温下，面团一次发酵需要12—48小时。

一次发酵到位的面团是什么状态？
体积轻微膨大。
用手指轻轻按压，面团不回弹不塌陷。
表皮更加光滑。
弹性与韧性更好。

在低温环境中进行一次发酵的优点

有助于增加面包的香气：低温延缓了面团的发酵，给予酵母充分的时间发挥作用。
有助于增加麸质蛋白间网状结构的紧实度：低温的环境中，网状结构的空隙会收缩。
有助于增加面团的湿度：制成面包的内部结构更加蓬松柔软，表皮更加细腻。同时，低温会使面团更紧致，烘烤后外形更美观。
对于面团的膨发程度依赖更小：可灵活掌握入炉时间。

为什么每种面团一次发酵的时间各不相同？

面团一次发酵的时长取决于面团中所含酵母的数量以及面团的湿度。酵母数量越少，一次发酵时间越长（因为酵母数量越少，其分解糖分的时间就越长，面团膨胀所需的时间自然也就越长）。同理，面团湿度越大，强度就越低，此时需要较长时间的一次发酵才能令其重新焕发活力。

适宜发酵的环境

可在和面机的和面桶中直接发酵。用保鲜膜或干净的茶巾覆盖，以避免面团因接触空气表面干结，阻碍发酵进程。
发酵应在室温下进行。

折叠

基础知识

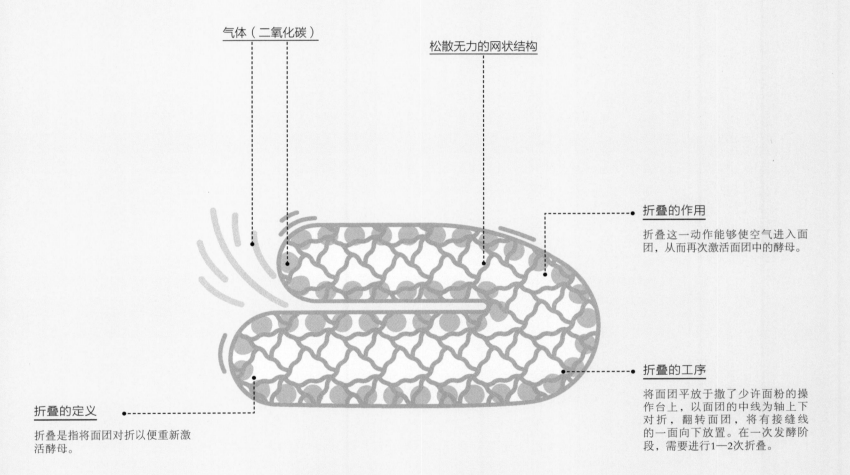

气体（二氧化碳）

松散无力的网状结构

折叠的作用

折叠这一动作能够使空气进入面团，从而再次激活面团中的酵母。

折叠的工序

将面团平放于撒了少许面粉的操作台上，以面团的中线为轴上下对折，翻转面团，将有接缝线的一面向下放置。在一次发酵阶段，需要进行1—2次折叠。

折叠的定义

折叠是指将面团对折以便重新激活酵母。

为什么折叠这一动作能够重新激活发酵程序？

在一次发酵过程中，酵母活性会逐渐下降。此时，折叠面团能够：

去除多余的二氧化碳气体，为酵母菌提供更多的生存空间，令它们不断分裂繁殖。一旦酵母菌开始繁殖，便意味着发酵活动重新开启。

加固麸质蛋白间的网状结构。折叠前，面团质地极为柔软，折叠可以提高面团的弹性，令其更加坚实。一旦面团达到了应有的强度，便会再次开启发酵进程。

静置松弛

基础知识

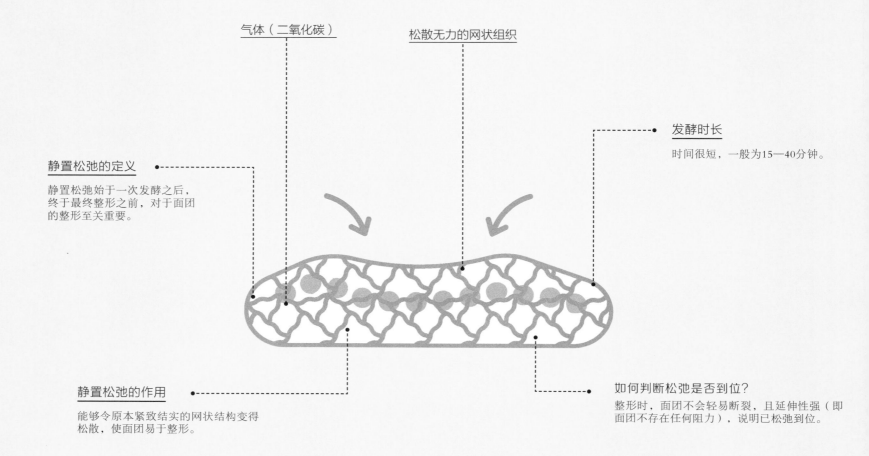

气体（二氧化碳）

松散无力的网状组织

发酵时长

时间很短，一般为15—40分钟。

静置松弛的定义

静置松弛始于一次发酵之后，终于最终整形之前，对于面团的整形至关重要。

静置松弛的作用

能够令原本紧致结实的网状结构变得松散，使面团易于整形。

如何判断松弛是否到位？

整形时，面团不会轻易断裂，且延伸性强（即面团不存在任何阻力），说明已松弛到位。

圆形面包的松弛阶段（揉圆）

制作圆形面包或椭圆形面包时，应在一次发酵之后，将面团揉圆，再静置松弛。初次整形时，先将面团的四角拉起，向面团中心折叠，按实。翻转面团，将有接缝线的一面向下。然后将双手拢成圆形，轻轻挤压面团，以整成圆形。挤压这一动作有利于面团表皮绷紧。

条形面包的松弛阶段（揉成条状）

制作长棍面包、长条面包或麦穗面包，需要在一次发酵之后，先轻轻地为面团整形，再静置松弛。具体做法是将面团拢成圆形，再用手掌轻轻地揉搓面团，并微微压扁。

为什么一定不能弄破面团？

如果面团破损，气体便会流失，发酵动作也随之停止，烘制的面包便不会蓬松柔软。

适宜静置松弛的环境

可以将面团平放在撒有少许面粉的操作台上（接缝向下），表面覆盖干净的茶巾。

可以将面团平放在干净的搅拌碗中（接缝紧贴碗底），表面覆盖食品级保鲜膜。

常温保存。

二次发酵

基础知识

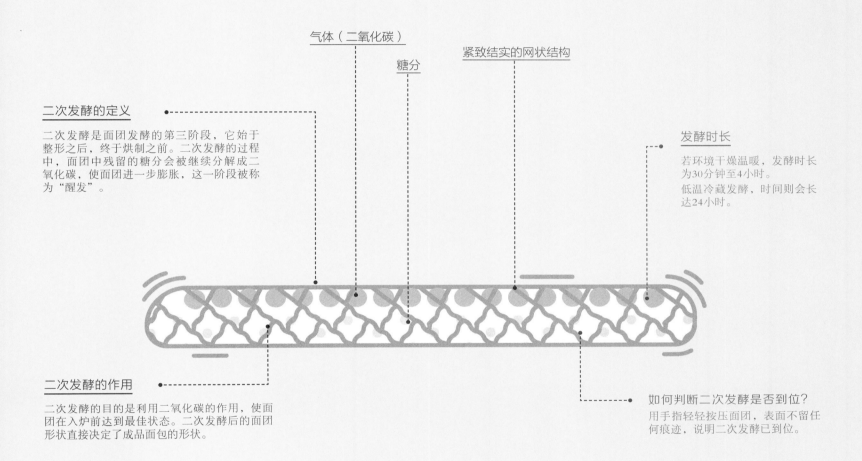

气体（二氧化碳）

糖分

紧致结实的网状结构

二次发酵的定义

二次发酵是面团发酵的第三阶段，它始于整形之后，终于烘制之前。二次发酵的过程中，面团中残留的糖分会被继续分解成二氧化碳，使面团进一步膨胀，这一阶段被称为"醒发"。

发酵时长

若环境干燥温暖，发酵时长为30分钟至4小时。
低温冷藏发酵，时间则会长达24小时。

二次发酵的作用

二次发酵的目的是利用二氧化碳的作用，使面团在入炉前达到最佳状态。二次发酵后的面团形状直接决定了成品面包的形状。

如何判断二次发酵是否到位？

用手指轻轻按压面团，表面不留任何痕迹，说明二次发酵已到位。

为什么二次发酵必须在温暖干燥的环境下进行？

在二次发酵的过程中，一部分淀粉会转化成糖分，并进一步在酵母所含微生物（即酶）的作用下分解为酒精和二氧化碳。而酶只有在温暖干燥的环境下（温度应为25℃—28℃）才能发挥最大效能。

适宜二次发酵的环境

应将面团置于温暖干燥处（温度以25℃—28℃为宜），可置于暖气片上。此外，应在面团表面覆盖干净的茶巾以避免表皮失去水分。

整形

基础知识

整形的定义

整形是指在烘烤前，将面团制成想要的形状。整形始于一次发酵后，终于二次发酵前。

整形时长

整形所需时间一般为5—15分钟，具体时长视形状的难易程度而定。

难点

保证整形后的面团不会在烘制过程中塌陷或断裂。

确保每个面团的形状都一致。

用适度的力道揉面团：揉面的力度一般是由面团的硬度决定的。面团越软，揉面时需要的力道越大；面团越硬，力道则越轻。

何为接缝线？

在初始或最终的整形过程中，面团折叠后，一端与另一端重合衔接后所产生的线条为接缝线。

在发酵过程中，我们往往将有接缝线的一面朝下放置，特殊情况除外。

在烘制过程中，我们同样将有接缝线的一面朝下放置，除非制作者希望接缝线崩裂以制造特殊的纹理。

整形步骤

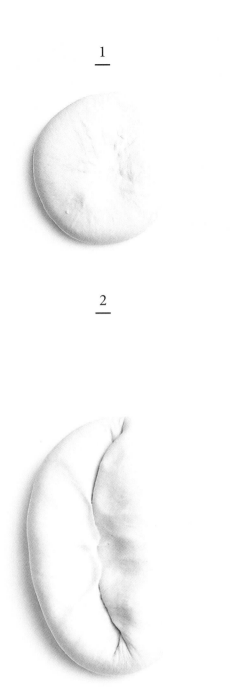

整形通常包含3个步骤（整成圆形只需2个步骤）。不论我们将面团塑造成何种形状，都要经过按压和折叠这两步。而条形面包（如长棍面包、短棍面包和麦穗面包）还需要增加"延展"的步骤。各种面包的具体整形步骤，请查阅第42—47页。

1. 按压

松弛阶段一旦结束，应翻转面团，将有接缝线的一面向上放置，再均匀按压以排出多余的气体。

2. 折叠

以中心线为轴，将面团两端对折，同时注意不要破坏坏面团的形状和筋性（外侧筋性增强，面团在烘烤时体积才会继续增大）。折叠步骤完成后，面团的一侧会出现接缝线。

3. 延展（圆形面包可略过这一步骤）

用手掌由内向外揉搓面团，直至达到理想的长度。

整成圆形

1

2

3

3

1.
将面团平放在撒有少许面粉的操作台上，有接缝线的一面朝上。

2.
右手食指轻轻按住面团中心（轻放即可，请勿按压），左手捏起面团的一角，拉起并向面团中心处折叠，重复此动作，直至面团的每一角都贴合至中心处。

3.
继续用右手食指压住折叠到中心的各角。

4.
翻转面团，双手拢成圆形，轻轻按压面团，使顶部表皮得到延展。完成后，将面团转动四分之一圈，重复这一动作。

5.
重复步骤4三次。

整形成长棍状

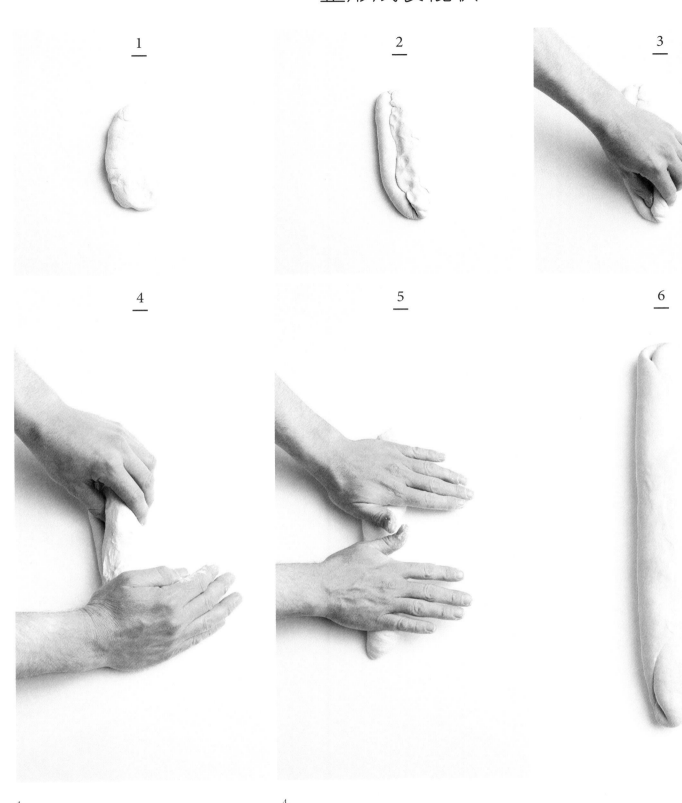

1.
将面团平放在撒有少许面粉的操作台上，有接缝线的一面朝上，再粗略地整成长方形。

2.
将面团纵向由外向内折三折。

3.
用左手大拇指和食指捏住面团接缝处的最右端，再用大拇指与三四指和小指由右及左将接缝处捏合起来。

4.
左手捏合的同时，以右手手掌部分轻轻按压已捏合的部分。

5.
将双手手掌放在面团中间处，由内向外揉搓，将面团揉成长条状。

6.
不断揉搓面团，直至达到理想长度。

43

整形成长条状

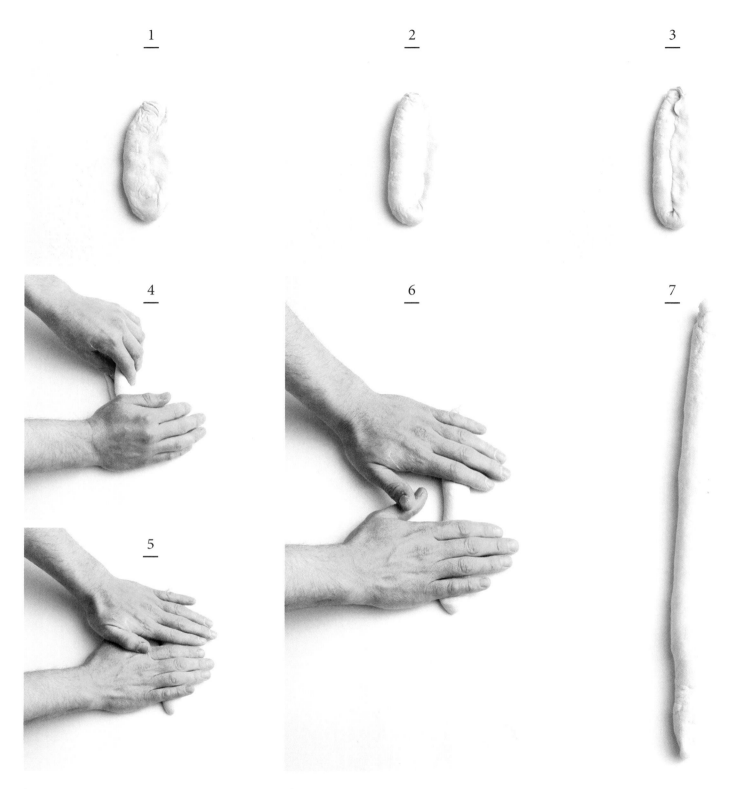

1.
将面团平放在撒有少许面粉的操作台上，有接缝线的一面朝上，略整成长方形。

2.
掀起靠近自己的一边，向面团中间折叠（纵向）。

3.
再将远离自己的一边向面团中间折叠，将面团的下半部分盖住。

4.
左手大拇指轻轻按住面团的中间位置，用另外四根手指与拇指由右及左将面团捏实。同时，以右手手掌轻轻按压已捏实的部分。重复此步骤一次以增强面团的韧性。

5.
将双手手掌轻放在面团中部。

6.
用双手手掌由内向外揉搓面团，将面团揉成长条状。

7.
继续揉搓面团，直至达到理想长度。

整形成短棍状

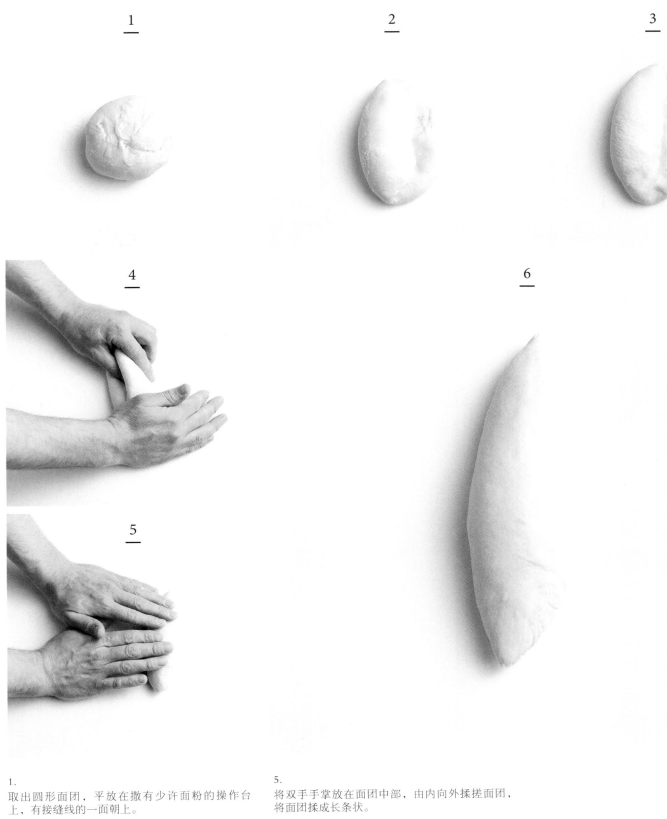

1
2
3
4
5
6

1.
取出圆形面团，平放在撒有少许面粉的操作台上，有接缝线的一面朝上。

2.
提起靠近自己的一边，向面团中间折叠。

3.
将面团旋转180°，重复步骤2。

4.
左手大拇指按住面团的中间位置，用另外四根手指与拇指由右及左将面团上下两边重合并捏实。同时，以右手手掌轻轻按压已捏实的部分。

5.
将双手手掌放在面团中部，由内向外揉搓面团，将面团揉成长条状。

6.
继续揉搓面团，直至达到理想长度。

整形成花冠状

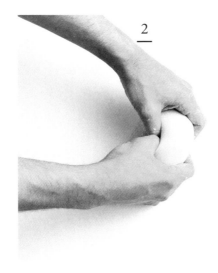

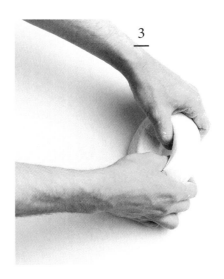

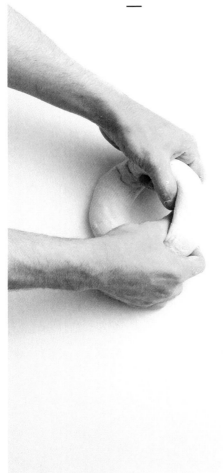

1.
取出圆形面团，平放在撒有少许面粉的操作台上，有接缝线的一面朝下。在面团中心处撒少许面粉，用食指在面团中心戳个小洞，一定要戳穿，直到手指碰到操作台为止。

2.
左手（或右手）的五根手指蘸些面粉，将拇指和食指伸进小洞。

3.
另一只手的五根手指也蘸些面粉，同样将拇指和食指伸入小洞，并轻轻向外拉扯，将面团整形成环状并不断拉伸面团，扩大环形的直径。当双手感到面团无法再向外拉伸时，停止整形，静置松弛5分钟。

4.
重复步骤3直至面团内径达到10厘米。

5.
环形的内径必须足够大，否则烘烤时可能会出现闭合的情况。

整形之编辫子

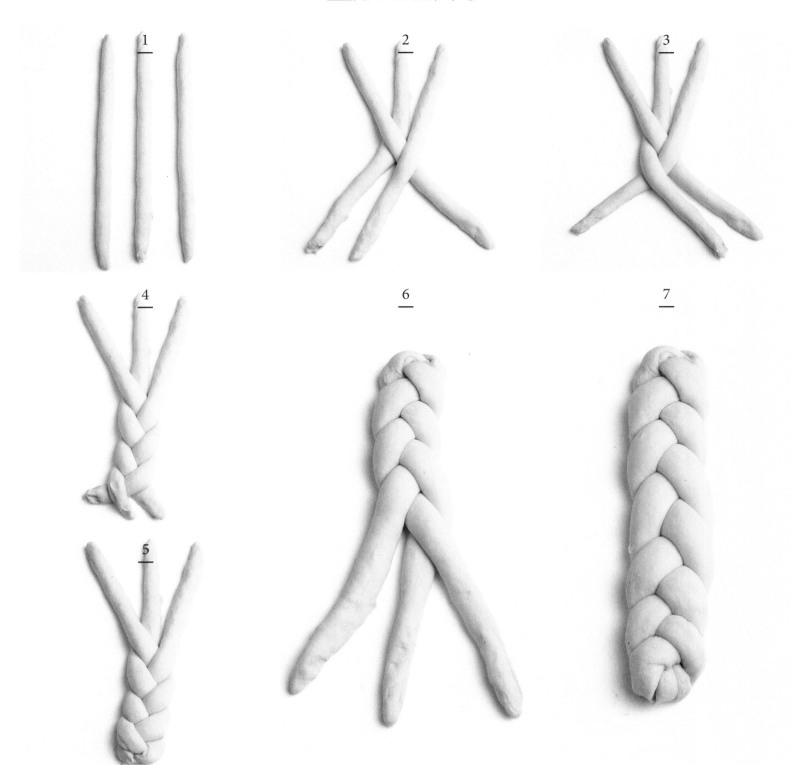

1.

将面团三等分，揉搓成三根等长的细条，并排放置于操作台上。为便于说明，由左及右分别为第1、第2和第3股。

2、3.

从面团的中间部位开始编：将第2股的下半部分拉向第1股；再将第1股整体拉向第3股；最后将第3股拉向第2股所在的位置。

4.

重复步骤2，直至下半部分完全编好。

5.

将辫子末端的重合处捏紧。

6.

将面团整体旋转180°，依照步骤2继续完成剩下的部分。请注意，每股之间不能贴合太紧，以防烘烤过程中出现断裂。

7.

将辫子末端的重合处捏紧。

涂抹蛋液

基础知识

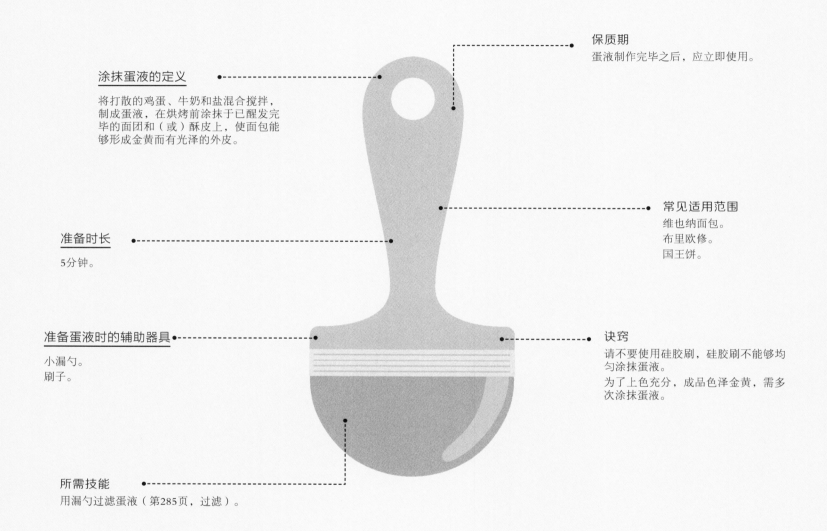

涂抹蛋液的定义

将打散的鸡蛋、牛奶和盐混合搅拌，制成蛋液，在烘烤前涂抹于已醒发完毕的面团和（或）酥皮上，使面包能够形成金黄而有光泽的外皮。

准备时长

5分钟。

准备蛋液时的辅助器具

小漏勺。
刷子。

所需技能

用漏勺过滤蛋液（第285页，过滤）。

保质期

蛋液制作完毕之后，应立即使用。

常见适用范围

维也纳面包。
布里欧修。
国王饼。

诀窍

请不要使用硅胶刷，硅胶刷不能够均匀涂抹蛋液。
为了上色充分，成品色泽金黄，需多次涂抹蛋液。

涂抹蛋液的意义

能够提升面包的外观，使烘制的面包色泽金黄。同时还能够增加松脆的口感。

为什么必须在蛋液中添加牛奶？

在烘烤过程中，鸡蛋中的蛋白质和牛奶中的糖分会发生化学反应（即美拉德反应，第285页），从而使面包表面呈现出金黄的色泽。

为什么必须在二次发酵前后涂抹两次蛋液？

为了使蛋液充分覆盖面团表面，不留间隙使烘制出的面包色泽更加均匀。

涂抹蛋液步骤

1

4

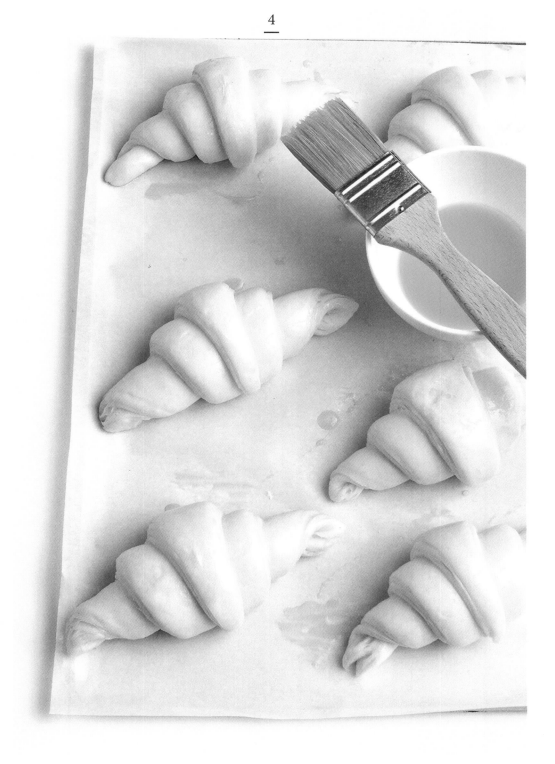

2

3

涂抹1个布里欧修或6个可颂需要

鸡蛋　1枚（50克）
牛奶　3克（½茶匙）
盐　一小撮

1、2.
将打散的鸡蛋、牛奶和盐放入一个干净的小碗中，充分搅拌直至质地均匀。

3.
用漏勺过滤搅拌好的蛋液（第285页），直至蛋液细腻顺滑。

4.
用刷子蘸些蛋液，均匀地涂抹在面团上，涂抹时切勿过度用力，以免影响成品形状。

割包

基础知识

割包的定义

割包是指在烘焙之前，使用割包刀在面团表面切割，以得到预期的纹路（即切口）。

割包时长

所需时间一般为5—10分钟。

割包工具

烘焙专用割包刀、切割刀或锯齿刀。

割包的作用

有助于避免面团中的气体大量聚集，从而避免面团在烘烤过程中表皮崩裂。产生新颖的视觉效果。

难点

熟练运用割包刀，恰当把握力度：如果面团发酵不到位，割包时力道需重一些，割深一些；如果面团发酵时间过长，割包时力道则需轻一些，割浅一些。

诀窍

处理制作面包的面团时，可以在面团表面撒少许面粉再割包，这样效果会更好。
传统割包手法：入刀角度与面团垂直，均匀连贯地一切到底。

切口太深会产生什么后果？

切口太深，面团在烘烤过程中会塌陷从而影响美观。切口太宽则会导致面包变得过硬。

切口太浅会产生什么后果？

如果切口太浅，面团表皮会在气体和水蒸气的作用下崩裂，影响面包的整体美感。同时，过浅的切口有可能在烘烤过程中逐渐闭合，因而得不到预期的效果。

割包步骤

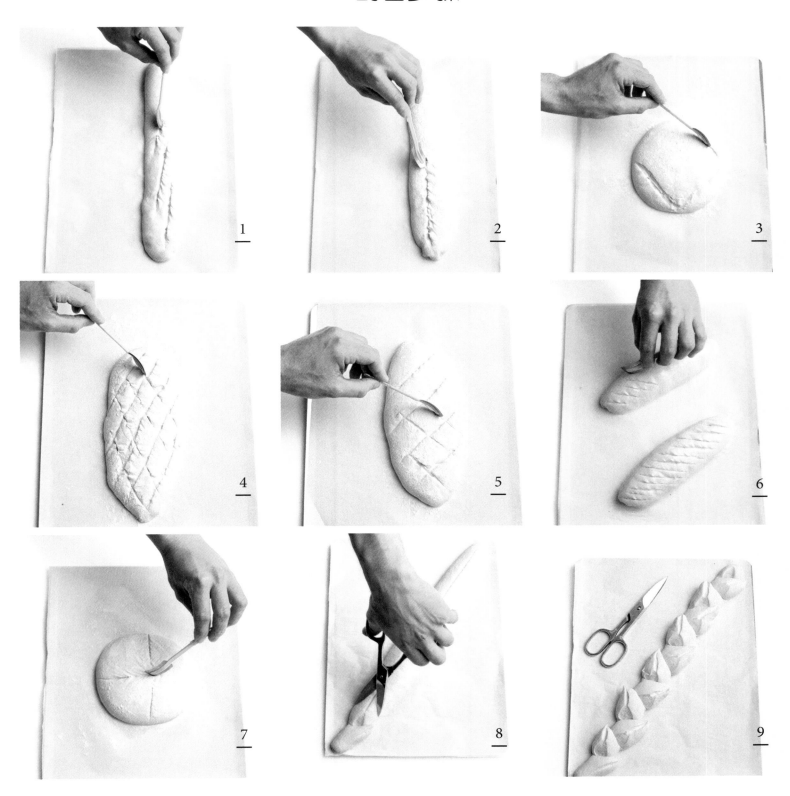

1. 长棍面包

入刀角度为30°，用割包刀在面团上割出一道5厘米长的切口，再以同样的手法继续切割出几条平行的切口，直至尾端。长棍面包的切口一般有5—7道切口，相邻两道切口首尾部分应有约三分之一的长度平行。

2. 传统法式面包

入刀角度为30°，沿面团的中线从一端割到另一端，动作应果断连贯，一气呵成。

3. 菱形割纹

刀片略倾斜，在面团上割出一个尽可能大的等边菱形，菱形的四个角应与面团外沿相接。

4. 波尔卡面包（Polka）

刀片略倾斜，在面团上轻轻滑动刀片，切割出间距为1—2厘米的平行刀口。完成后，再从另一侧进行同样操作，进而形成菱形割纹。

5. 宽纹波尔卡面包

刀片略倾斜，在面团上斜向平行割划四刀，完成后沿另一对角线再平行割四刀。第一道割痕与对侧的第二道割痕相交后即终止，避免与对侧的第三道割痕相交，依次类推。全部完成后，面团只应在中间位置出现三个菱形。

6. 斜纹

握住割包刀的前段，以一定角度入刀，平行割划出数道等距离的切口。割痕之间的距离不应过大。

7. 十字割纹

向面团上撒些许面粉，沿面团的中线自上而下，由左及右割划成直角的两刀。

8、9. 剪出麦穗形状

入刀角度为45°，每隔10厘米剪一刀，切口深度应为面团厚度的$2/3$。完成后，将剪开的部分依次向左右两侧拉开。出炉的时候请小心，麦穗面包十分容易断裂。

烘烤

基础知识

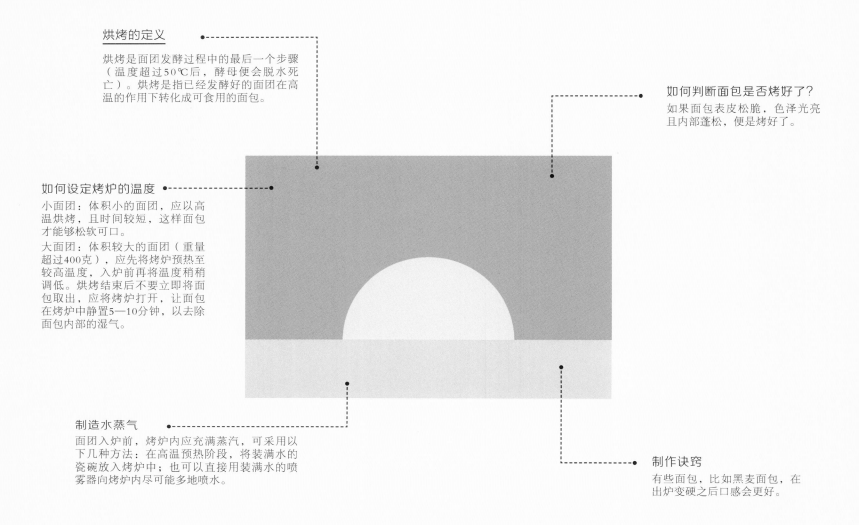

烘烤的定义

烘烤是面团发酵过程中的最后一个步骤（温度超过50℃后，酵母便会脱水死亡）。烘烤是指已经发酵好的面团在高温的作用下转化成可食用的面包。

如何判断面包是否烤好了？

如果面包表皮松脆，色泽光亮且内部蓬松，便是烤好了。

如何设定烤炉的温度

小面团：体积小的面团，应以高温烘烤，且时间较短，这样面包才能够松软可口。

大面团：体积较大的面团（重量超过400克），应先将烤炉预热至较高温度，入炉前再将温度稍稍调低。烘烤结束后不要立即将面包取出，应将烤炉打开，让面包在烤炉中静置5—10分钟，以去除面包内部的湿气。

制造水蒸气

面团入炉前，烤炉内应充满蒸汽，可采用以下几种方法：在高温预热阶段，将装满水的瓷碗放入烤炉中；也可以直接用装满水的喷雾器向烤炉内尽可能多地喷水。

制作诀窍

有些面包，比如黑麦面包，在出炉变硬之后口感会更好。

为什么当温度达到100℃时，面包便会停止膨胀？

温度达到100℃时，面粉中的淀粉会形成凝胶，麸质蛋白之间的网状结构也会停止延伸，这无疑会阻碍面包的继续膨胀。

水蒸气的作用

有助于延缓面包表皮变硬的进程，给予面团足够多的时间继续膨胀。

能够令面包的表皮更加细腻、光亮。

有助于提升割包（即切口）的最终效果。

水蒸气不足，会产生何种不良影响？

水蒸气不足，面包表皮形成的时间会大大缩短，导致切口崩裂。

此外，面包的表皮会暗淡无光，且过于厚重。

水蒸气过多，会产生何种不良影响？

水蒸气过多，割痕会缺乏立体感。

面包的表皮会过于细腻、光亮。

面包表皮会软塌塌的，无法形成松脆的口感。

面包出炉后能否趁热吃？

新鲜出炉的面包虽然香气四溢，但口感欠佳。此外，新鲜出炉的面包中仍存留着许多气体，因此不易消化。

烘烤步骤

1

2

面团入炉后的变化过程

面团膨胀：炉内的高温环境促使面团中的气体逐渐开始膨胀，从而形成面包最终的体积。

表皮和内部结构形成。

水分蒸发形成水蒸气（割包环节有助于面团中水分与气体的蒸发）。

面团温度升至100℃，体积便不再增大。

形成酥脆的外皮。

外皮发生焦糖化反应：使面包外皮上色，增加香气，同时提升口感（美拉德反应，见第285页）。

面包出炉后的操作流程

冷却

定义：面包出炉后在常温下静置降温的过程称为冷却。

作用：排出面包内部的水蒸气、二氧化碳和酒精，使面包内部湿度接近环境湿度，增加松软的口感，提升面包的香气。

方法与时长：面包出炉后，置于晾架上直至完全冷却。小面包冷却时间一般为30分钟；体积较大的面包则需要冷却数小时。

老化

定义：面包自出炉逐渐变硬的过程。

时长：长棍面包以及其他体积较小的面包老化得非常快。对于体积较大的面包，出炉时间越长，老化的速度越快。

如何判断面包是否制作成功？

1. 烘烤失败

面包内部未烤透，黏糊糊的。外皮依然有韧性，暗淡无光。

2. 烘烤成功

外皮色泽光亮（即美拉德反应成功，见第285页）。

底部形成坚硬的外壳。

内部松软，没有多余的水分。

白面团

基础知识

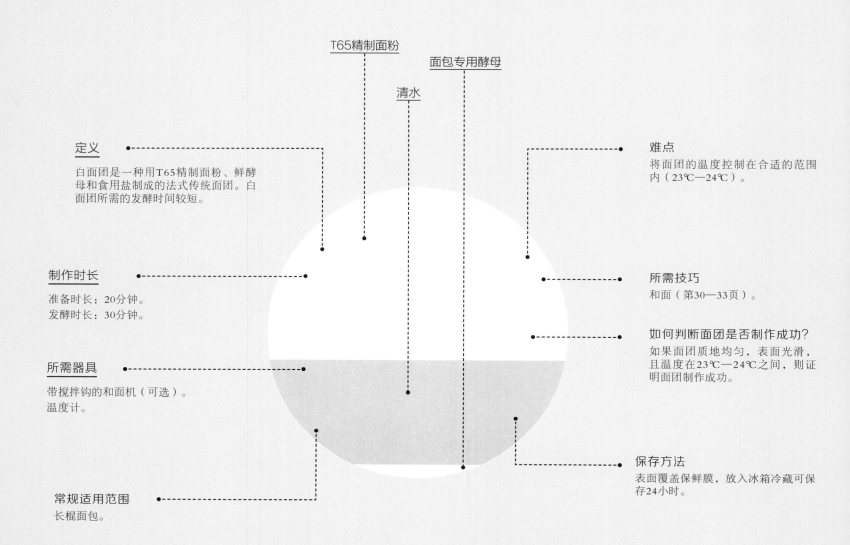

T65精制面粉

清水

面包专用酵母

定义

白面团是一种用T65精制面粉、鲜酵母和食用盐制成的法式传统面团。白面团所需的发酵时间较短。

制作时长

准备时长：20分钟。
发酵时长：30分钟。

所需器具

带搅拌钩的和面机（可选）。
温度计。

常规适用范围

长棍面包。

难点

将面团的温度控制在合适的范围内（23℃—24℃）。

所需技巧

和面（第30—33页）。

如何判断面团是否制作成功？

如果面团质地均匀，表面光滑，且温度在23℃—24℃之间，则证明面团制作成功。

保存方法

表面覆盖保鲜膜，放入冰箱冷藏可保存24小时。

制作白面团为何需选用面包专用酵母？

使用面包专用酵母的面团口感自然纯正，可以与不同食材搭配（奶酪、培根或干果等），变化出丰富的口味。此外，面包专用酵母有助于面团快速发酵，使面包内部蓬松柔软。

白面团的潜在替代品：中种面团

发酵时间长达24小时的白面团被称为中种面团。它能够在不借助酸面团的情况下产生格外浓烈的香气。中种面团一般用于制作细长形的法式面包。

制作流程

1

2

3

4

6

5

如何制作800克的白面团

T65精制面粉   500克

清水   300克

盐   9克

面包专用鲜酵母   10克

1、2.
将面粉、水、盐和揉碎的酵母倒入和面桶中。

3.
和面机调至1挡，和面4分钟（第32—33页）。

4.
和面机调至中速挡，和面6分钟。面团从和面桶内壁掉入底部，说明和面成功。（如选择手工和面，参见第30—31页）。

5.
用温度计确认面团的温度是否处于23℃—24℃之间。

6.
将面团放置在撒有少许面粉的操作台上，用干净的茶巾盖住，静置30分钟进行一次发酵（第36页）。

法式传统面团

基础知识

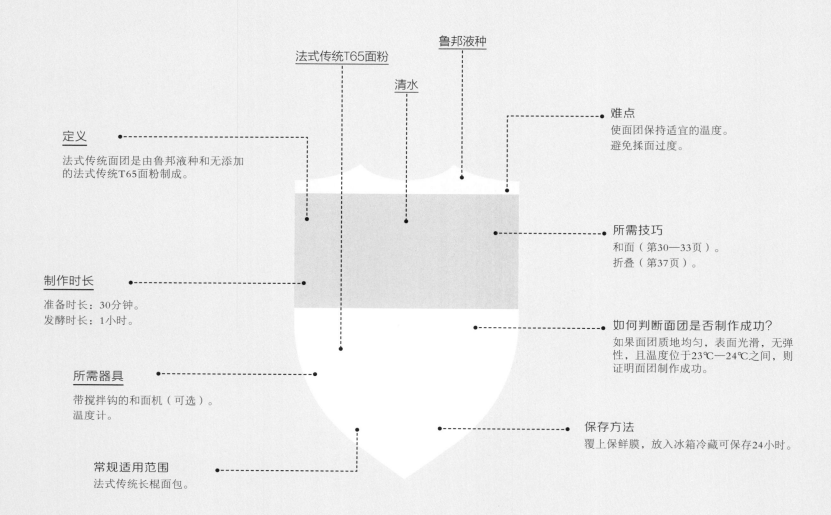

法式传统T65面粉

清水

鲁邦液种

定义
法式传统面团是由鲁邦液种和无添加的法式传统T65面粉制成。

难点
使面团保持适宜的温度。
避免揉面过度。

制作时长
准备时长：30分钟。
发酵时长：1小时。

所需技巧
和面（第30—33页）。
折叠（第37页）。

所需器具
带搅拌钩的和面机（可选）。
温度计。

如何判断面团是否制作成功？
如果面团质地均匀，表面光滑，无弹性，且温度位于23℃—24℃之间，则证明面团制作成功。

常规适用范围
法式传统长棍面包。

保存方法
覆上保鲜膜，放入冰箱冷藏可保存24小时。

什么是法式传统T65面粉

法式传统T65面粉不含任何添加物，制成的面团质地更加均匀，制成面包后内部结构更"原生态"，口感更好。

液种的作用

鲁邦液种和其他酵母一样，都是一种酵头，能够使面团发酵。它还能够增加面团的香气，并带来微酸的口感，这恰好是法式传统面团的一大特色。此外，鲁邦液种还会使面包形成粗糙的外皮，呈现出一丝乡土气息。

法式传统面团与白面团之间的区别

制作法式传统面团时，我们需要使用法式传统T65面粉和较多的水。此外，法式传统面团的和面时间更短，力度更小，但一次发酵的时间较长。

为什么在制作法式传统面团的过程中，必须进行折叠？

在一次发酵的过程中，酵母会将面团中的糖分分解成气体，而这些气体会被关在麸质蛋白间的网状结构中，从而促使面团膨发。然而，一段时间过后，酵母的活性会下降，麸质蛋白间的网状结构也会变得松散无力。气体开始"逃跑"，面团留住气体的能力也开始下降，面团会逐渐塌陷。折叠这一步骤能够重新激活酵母，并令麸质蛋白间的网状结构重新变得紧致

结实，从而令面团继续膨发。与T65精制面粉相比，法式传统T65面粉所含的多糖物质更多。但酵母会先分解单糖物质，因此为了有充足的时间使多糖物质被酵母分解，必须重新激活发酵程序。也正因如此，在制作法式传统面团的过程中，折叠这一步骤显得尤为重要。

制作流程

如何制作900克的法式传统面团

法式传统T65面粉　500克

清水　345克

盐　10克

鲁邦液种　50克

面包专用鲜酵母　5克

1、2.

将面粉、水、盐、鲁邦液种以及揉碎的酵母倒入和面桶中，和面机调至1挡，和面4分钟（第32页）。

3.

和面机调至中速挡，和面6分钟。面团从和面桶内壁掉入桶底，说明和面成功。（如选择手工和面，参见第30—31页）。用温度计确认面团的温度是否处于23℃—24℃之间。

4.

将面团放置在撒有少许面粉的操作台上，用干净的茶巾盖住，静置30分钟，进行一次发酵（第36页）。

5、6.

将面团对折（折叠手法见第37页）。再次将面团放置在撒有少许面粉的操作台上，用干净的茶巾盖住，继续静置30分钟，进行一次发酵（第36页）。

比萨面团

基础知识

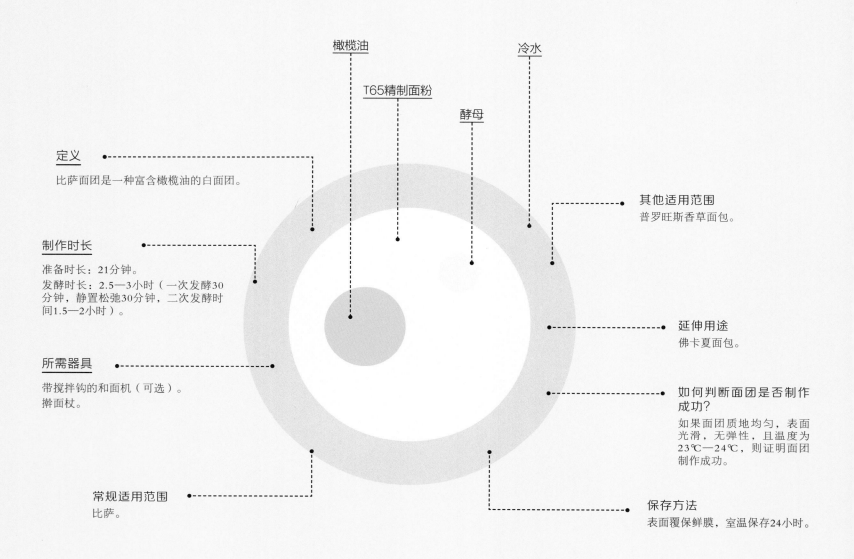

橄榄油

T65精制面粉

冷水

酵母

定义
比萨面团是一种富含橄榄油的白面团。

其他适用范围
普罗旺斯香草面包。

制作时长
准备时长：21分钟。
发酵时长：2.5—3小时（一次发酵30分钟，静置松弛30分钟，二次发酵时间1.5—2小时）。

延伸用途
佛卡夏面包。

所需器具
带搅拌钩的和面机（可选）。
擀面杖。

如何判断面团是否制作成功？
如果面团质地均匀，表面光滑，无弹性，且温度为23℃—24℃，则证明面团制作成功。

常规适用范围
比萨。

保存方法
表面覆保鲜膜，室温保存24小时。

比萨面团与白面团之间的区别
比萨面团需在和面即将结束时添加适量的橄榄油。橄榄油能够改变麸质蛋白间的网状结构，令面饼口感更加松软。

难点
面团应有一定弹性，以便擀薄。

所需技巧
和面（第30—33页）。
揉圆（第38页）。

制作诀窍
反复擀压面团，将其舒展，直至面团变薄且质地均匀。

制作流程

如何制作两张40厘米×30厘米的面饼

制作面团的原材料

T65精制面粉　500克
冷水　300克
盐　10克
面包专用鲜酵母　15克
橄榄油　100克

1、2.
将面粉、水、盐和揉碎的酵母倒入和面桶中，和面机调至1挡，和面5分钟（第32—33页），再将和面机调至中速挡，和面6分钟。面团从和面桶内壁掉落到桶底，说明和面成功（如选择手工和面，参见第30—31页）。

3.
慢慢地倒入橄榄油，继续以1挡的速度和面。

4.
用保鲜膜将和面桶密封好，常温下一次发酵30分钟。

5.
将面团一分为二，分别揉圆（第38页），将面团放在操作台上，盖上干净的茶巾，静置30分钟。

6.
在面团顶部与底部分别撒少许面粉，之后，用擀面杖自上而下，由左及右擀压面饼，直至厚度均匀。

7.
将面饼放置于温暖处，盖上茶巾，二次发酵1.5—2小时。

维也纳面团

基础知识

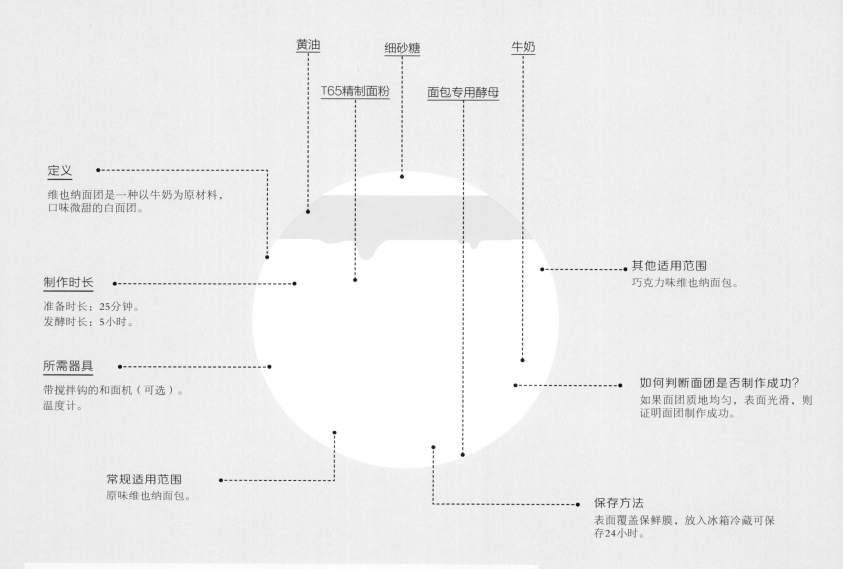

黄油

细砂糖

牛奶

T65精制面粉

面包专用酵母

定义

维也纳面团是一种以牛奶为原材料，口味微甜的白面团。

制作时长

准备时长：25分钟。
发酵时长：5小时。

所需器具

带搅拌钩的和面机（可选）。
温度计。

其他适用范围

巧克力味维也纳面包。

如何判断面团是否制作成功？

如果面团质地均匀，表面光滑，则证明面团制作成功。

常规适用范围

原味维也纳面包。

保存方法

表面覆盖保鲜膜，放入冰箱冷藏可保存24小时。

维也纳面团的特征

与布里欧修或牛奶小面包的面团相比，维也纳面团所含的黄油和细砂糖量更少，且不含鸡蛋。正是这些区别使维也纳面包的松软度稍逊一筹。

难点

确保黄油在掺入面团后不立刻融化，使面团内部组织保持均匀。

所需技巧

和面（第30—33页）。

制作流程

<u>1</u>

<u>5</u>

<u>2</u>

<u>3</u>

<u>4</u>

如何制作450克的维也纳面团

T65精制面粉　250克

牛奶　150克

盐　5克

面包专用鲜酵母　5克

细砂糖　20克

黄油　40克

1、2.

将面粉、牛奶、盐、细砂糖和揉碎的酵母倒入和面桶中。

3.

和面机调至1挡，和面4分钟（第32—33页），再将和面机调至中速挡，和面6分钟。当面团从和面桶内壁掉落到桶底，则意味着和面成功。（如选择手工和面，参见第30—31页）。

4.

将黄油切成小方块，倒入和面桶中，继续以1挡的速度和面，直至黄油完全融入面团之中。

5.

用食品级保鲜膜封住和面桶，放入冰箱冷藏5小时。

千层酥皮面团

基础知识

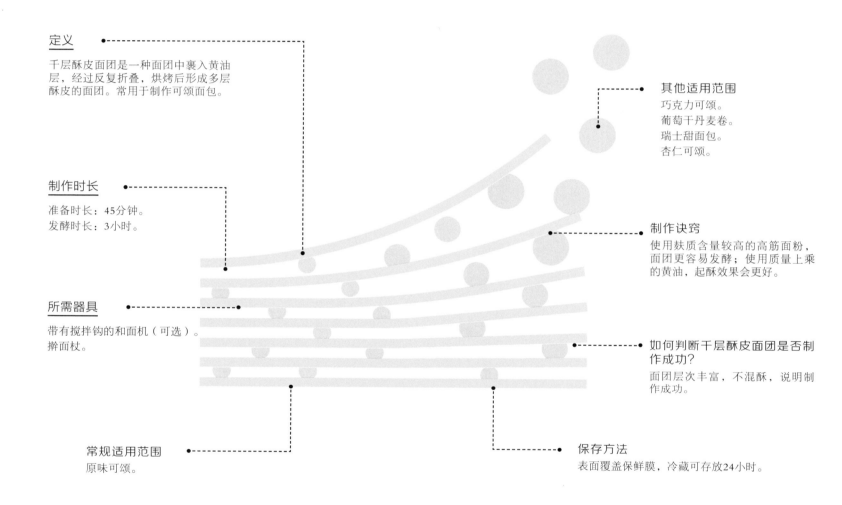

定义

千层酥皮面团是一种面团中裹入黄油层，经过反复折叠，烘烤后形成多层酥皮的面团。常用于制作可颂面包。

制作时长

准备时长：45分钟。
发酵时长：3小时。

所需器具

带有搅拌钩的和面机（可选）。
擀面杖。

其他适用范围

巧克力可颂。
葡萄干丹麦卷。
瑞士甜面包。
杏仁可颂。

制作诀窍

使用麸质含量较高的高筋面粉，面团更容易发酵；使用质量上乘的黄油，起酥效果会更好。

如何判断千层酥皮面团是否制作成功？

面团层次丰富，不混酥，说明制作成功。

常规适用范围

原味可颂。

保存方法

表面覆盖保鲜膜，冷藏可存放24小时。

如何制作层次分明的面团？

千层酥皮面团是一种用面团包裹黄油层，并经过反复折叠，以形成丰富层次的面团。面团中的黄油层不应过早融化，才能在烘烤过程中形成丰富层次。入炉后，黄油在高温下融化，面团中的水蒸气和空气膨胀后使面团分层，形成每层薄如蝉翼的千层酥皮。

千层酥皮面团与传统油酥面团之间的区别？

千层酥皮面团所使用的面包专用鲜酵母，能够使面团在二次发酵过程中再次膨胀。此外，相比传统油酥面团，千层酥皮面团要求的折叠次数较少，成品的分层也较少。由于千层酥皮面团是普通面包面团的一种变化形式，因此相比传统油酥面团更湿润，烘烤后的成品更加松软可口，能够达到入口即化的效果。

难点

精确对折面团。
在确保不混酥的前提下（即黄油层与非黄油层界限分明），将面团擀平，一旦混酥，则整形失败。

所需技巧

和面（第30—33页）。
整成圆形（第42页）。
三折法（第283页）。

制作流程

如何制作370克的千层酥皮面团

1．制作面团的原材料

T65精制面粉　110克
T45糕点专用面粉（Pastry Flour）　110克
牛奶　105克
细砂糖　30克
盐　4克
面包专用鲜酵母　7克

2．开酥阶段的原材料

黄油　120克

制作流程

1

2

3

4

5

6

7

8

1.

制作面团：将面粉、牛奶、细砂糖、盐和揉碎的鲜酵母倒入和面桶中，和面机调至1挡，和面5分钟（第32页），再调至中速挡，和面5分钟。（如选择手工和面，参见第30—31页）。

2.

用手将面团整成一个紧致的圆形（第42页）。

3.

用食品级保鲜膜将面团裹紧，放入冰箱冷藏1小时。

4.

用擀面杖轻敲黄油，使之软化，再将其擀成厚1厘米，边长为8厘米的正方形片状。

5.

将面团擀成宽8厘米，长16厘米（即黄油边长的两倍）的长方形面饼，然后将黄油片叠放在面饼中央。

6.

将面饼左右两侧多出来的部分分别向中间折叠，将黄油包裹起来，接缝位置应处于正中。完成后将面饼水平旋转90°。

7.

用擀面杖沿接缝线方向将面饼擀成长为24厘米的长方形。

8.

将面饼折三折（两端向同侧折叠或"之"字形折叠均可），用保鲜膜将折叠后的面饼裹紧，放入冰箱冷冻10分钟，再冷藏30分钟。

9.

重复步骤7和步骤8两次，即使用"三折法"折叠三次。

布里欧修面团

基础知识

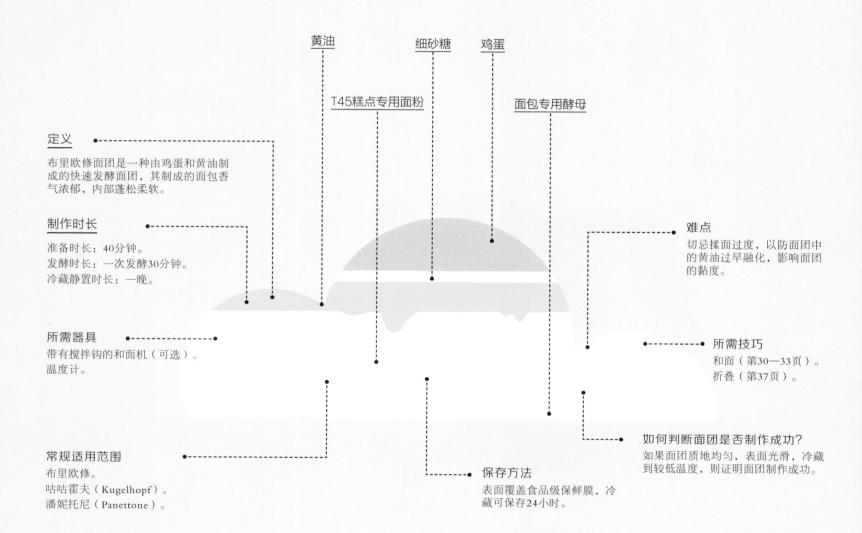

黄油　　　　细砂糖　　鸡蛋

T45糕点专用面粉　　　　面包专用酵母

定义

布里欧修面团是一种由鸡蛋和黄油制成的快速发酵面团，其制成的面包香气浓郁，内部蓬松柔软。

制作时长

准备时长：40分钟。
发酵时长：一次发酵30分钟。
冷藏静置时长：一晚。

所需器具

带有搅拌钩的和面机（可选）。
温度计。

常规适用范围

布里欧修。
咕咕霍夫（Kugelhopf）。
潘妮托尼（Panettone）。

难点

切忌揉面过度，以防面团中的黄油过早融化，影响面团的黏度。

所需技巧

和面（第30—33页）。
折叠（第37页）。

如何判断面团是否制作成功？

如果面团质地均匀，表面光滑，冷藏到较低温度，则证明面团制作成功。

保存方法

表面覆盖食品级保鲜膜，冷藏可保存24小时。

为什么一定要在和面的尾声放入黄油（即后油法）？

黄油能够"锁住"麸质蛋白，从而影响麸质蛋白间网状结构的形成。要做出蓬松柔软的面包，就必须让麸质蛋白间顺利建立起网状结构。因此，在和面的第1、2步不放入黄油，待麸质蛋白间形成了稳定的网状结构后再加入黄油，才不会影响既成的网状结构，并使内部组织蓬松柔软。

为什么要选用常温黄油？

常温黄油更容易与面团融合在一起。黄油的温度和质地直接影响面包内部的松软度，常温黄油能够锁住水分，使面包内部蓬松柔软。如果黄油温度过低或过高，制成的面包会比较干硬。

为什么要选用糕点专用面粉？

糕点专用面粉中的麸质蛋白含量极为丰富，因此极易形成网状结构，从而锁住气体，帮助面团更好地膨发，并在内部形成类似蜂巢的均匀气孔。

为什么一次发酵必须在冷藏温度下进行？

低温能够减缓面团膨胀的速度，使麸质蛋白有充足的时间形成网状结构。

制作流程

如何制作580克的布里欧修面团

T45糕点专用面粉　250克

鸡蛋　3枚

盐　5克

细砂糖　35克

面包专用鲜酵母　8克

无盐黄油（室温），切成小方块　125克

1、2、3.

提前将所有原材料放入冰箱冷藏一晚。将面粉、鸡蛋、盐、细砂糖和揉碎的酵母倒入和面桶中。和面机调至1挡，和面4分钟（第32—33页）。再将和面机调至中速挡，和面6分钟。当面团从和面桶内壁掉落到桶底，说明和面成功。（如选择手工和面，参见第30—31页）。

4.

将黄油切成小方块，倒入和面桶中，继续以1挡的速度和面，直至黄油完全融入面团之中。

5.

从和面桶中取出面团，放入搅拌碗中。

6.

用茶巾盖住面团，静置30分钟。

7.

折叠面团（第37页）。

8、9.

将折叠好的面团重新放入搅拌碗中，表面覆盖食品级保鲜膜，放入冰箱冷藏一晚，第二天再取出。

翻转千层油酥面团

基础知识

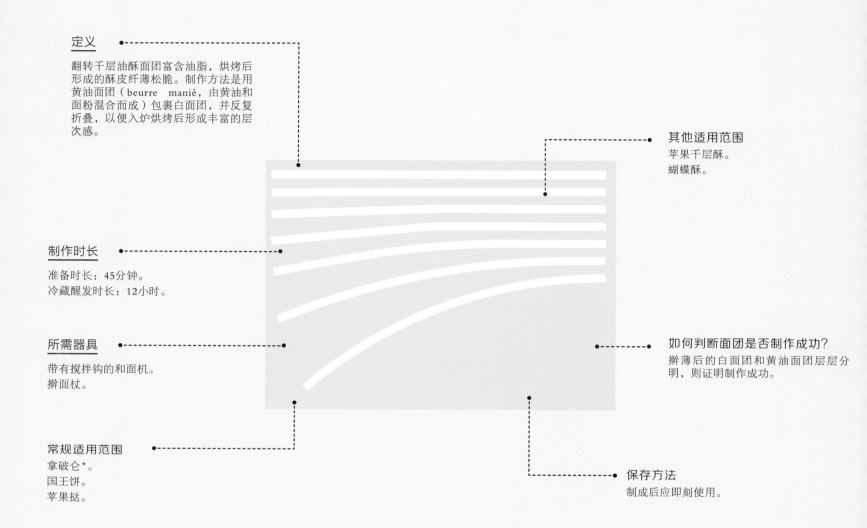

定义

翻转千层油酥面团富含油脂，烘烤后形成的酥皮纤薄松脆。制作方法是用黄油面团（beurre manié，由黄油和面粉混合而成）包裹白面团，并反复折叠，以便入炉烘烤后形成丰富的层次感。

其他适用范围

苹果千层酥。
蝴蝶酥。

制作时长

准备时长：45分钟。
冷藏醒发时长：12小时。

所需器具

带有搅拌钩的和面机。
擀面杖。

如何判断面团是否制作成功？

擀薄后的白面团和黄油面团层层分明，则证明制作成功。

常规适用范围

拿破仑*。
国王饼。
苹果挞。

保存方法

制成后应即刻使用。

翻转千层油酥面团与传统油酥面团之间的区别？

口感：翻转千层油酥面团的黄油层中掺有面粉，烘烤后会产生类似"油面酱"（roux）的特殊口感。
制法：传统油酥面团是以白面团包裹黄油，而翻转千层油酥面团则相反，是以黄油包裹白面团。
黄油用量：翻转千层油酥面团所使用的黄油是传统油酥面团的1.5倍。

难点

切忌用力揉面团，以防混酥（即保证白面团和黄油面团层次分明）。

所需技巧

和面（第30—33页）。
三折法（第283页）。
四折法（第283页）。
软化黄油（第284页）。

诀窍

始终从靠近身体一侧向外单向擀压，这样做能够令面皮质地均匀。

拿破仑是法式千层酥（Mille-feuilles）的别称。

制作流程

如何制作600克的翻转千层油酥面团

1. 白面团原材料

T65精制面粉　180克
冷水　80克
盐　8克
软化的无盐黄油　60克
白醋　2克

2. 黄油面团原材料

软化的无盐黄油，切小块　200克
T65精制面粉　80克

制作流程

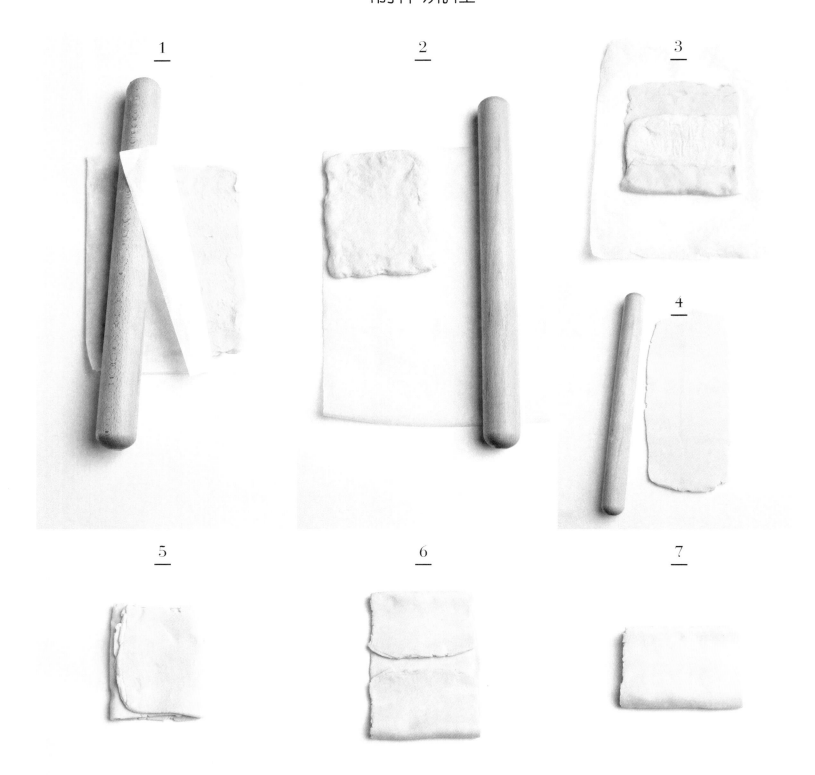

1.

调制黄油面团：将面粉和黄油倒入和面桶中，搅拌5分钟，将成品取出，放在撒有少许面粉的操作台上，用擀面杖将其擀成20厘米×30厘米的长方形。最后用食品级保鲜膜裹好，放入冰箱冷藏2小时。

2.

制作面饼：将面粉、盐、水、软化的黄油和白醋倒入和面桶中，和面机调至1挡，和面7分钟。将和好的面团取出，放在撒有少许面粉的操作台上，用擀面杖将其擀成15厘米×20厘米的长方形。最后用食品级保鲜膜裹好，放入冰箱冷藏2小时。

3.

将面饼放在黄油面团的中央，将黄油面团的左右两侧向中间对折，接缝线应位于面团的正中。

4.

用三折法处理面团：擀平后的面饼为60厘米×20厘米的长方形，长度应是宽度的3倍。

5.

将面饼折三折，用食品级保鲜膜裹好，放入冰箱冷藏2小时。

6.

将冷藏后的面团置于操作台上（接缝线纵向放置），再用四折法处理一次面团（第283页）：面饼擀平后应为60厘米×20厘米的长方形，长度是宽度的3倍。擀平后，再将面饼的上下两端向中心线对折。

7.

将面饼再对折一次，用食品级保鲜膜裹好，放入冰箱冷藏2小时。

8.

再次将冷藏后的面团置于操作台上（接缝线纵向放置），重复一次步骤6和步骤7。

9.

将冷藏后的面团从冰箱取出，置于操作台上（接缝线纵向放置），再用三折法处理一次面团（第283页）：擀成长为宽3倍的面饼。再将面饼折三折，用食品级保鲜膜裹好，放入冰箱冷藏2小时。

泡芙面团

基础知识

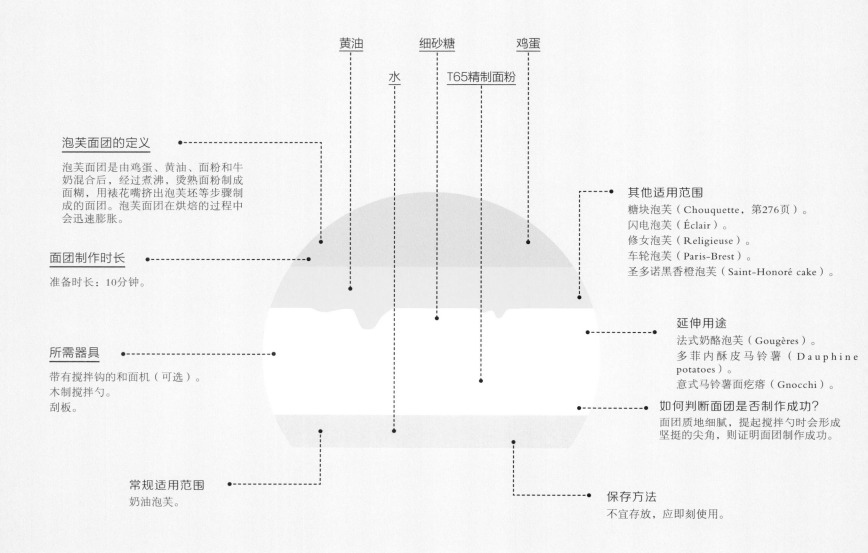

黄油　　细砂糖　　鸡蛋

水　　T65精制面粉

泡芙面团的定义

泡芙面团是由鸡蛋、黄油、面粉和牛奶混合后，经过煮沸，烫熟面粉制成面糊，用裱花嘴挤出泡芙坯等步骤制成的面团。泡芙面团在烘焙的过程中会迅速膨胀。

面团制作时长

准备时长：10分钟。

所需器具

带有搅拌钩的和面机（可选）。
木制搅拌勺。
刮板。

常规适用范围

奶油泡芙。

其他适用范围

糖块泡芙（Chouquette，第276页）。
闪电泡芙（Éclair）。
修女泡芙（Religieuse）。
车轮泡芙（Paris-Brest）。
圣多诺黑香橙泡芙（Saint-Honoré cake）。

延伸用途

法式奶酪泡芙（Gougères）。
多菲内酥皮马铃薯（Dauphine potatoes）。
意式马铃薯面疙瘩（Gnocchi）。

如何判断面团是否制作成功？

面团质地细腻，提起搅拌勺时会形成坚挺的尖角，则证明面团制作成功。

保存方法

不宜存放，应即刻使用。

泡芙面团的膨胀原理

当烤炉温度达到180℃，面团中的水分会在高温的作用下转化成水蒸气。由于此前面团在锅内熬煮时形成了很强的黏性，因此能够锁住水蒸气，促使面团膨发。

为什么过早打开烤炉门会导致已膨发的泡芙回缩？

烤炉门打开后，炉内温度瞬间下降，水蒸气重新变成水。液态水的体积比等量的水蒸气小，因此会导致泡芙回缩。

难点

正确把握烘烤温度，避免面团被烤焦。

所需技巧

刮取（第282页）。

诀窍

精心熬煮面糊，入炉后泡芙才能膨发到位。

制作流程

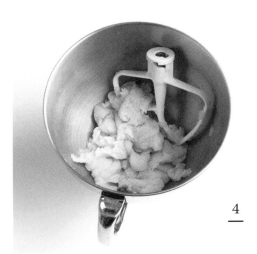

如何制作700克的泡芙面团

牛奶　165克
水　90克
无盐黄油　110克
细砂糖　2克
盐　2克
T65精制面粉　150克
鸡蛋　4枚

1.
将牛奶、水、黄油、细砂糖和盐倒入锅中，大火熬煮直至沸腾。

2、3.
将面粉倒入锅中，用搅拌勺顺同一方向搅拌1分钟，直至面糊不再与内壁粘连。

4.
将搅拌好的面糊倒入和面桶中，和面机调至1挡，和面1—2分钟（也可以继续用搅拌勺搅拌）。

5.
将鸡蛋逐个打入面糊中，请注意，在打入鸡蛋的同时，搅拌动作不能停。

6.
将和面桶边缘附着的面糊和搅拌钩上的面糊刮下来，再进行最后一次搅拌（约1分钟），直至面糊质地均匀，无结块。

法式甜酥面团

基础知识

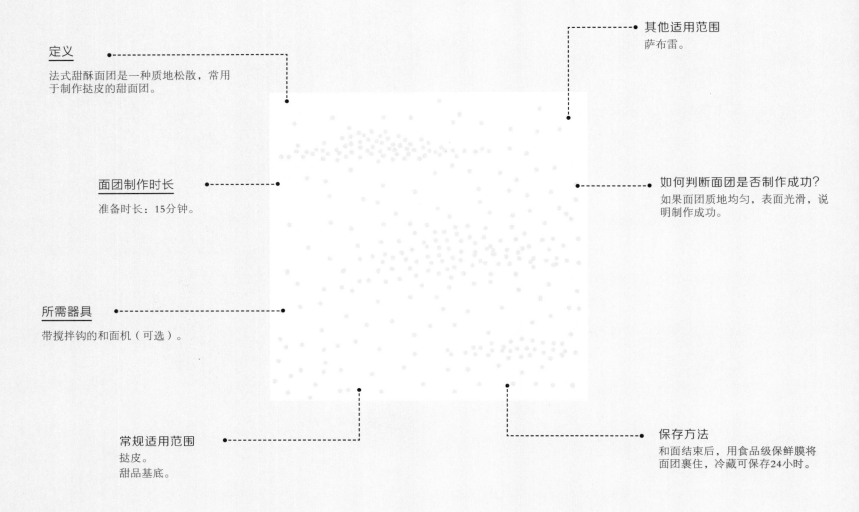

定义

法式甜酥面团是一种质地松散，常用于制作挞皮的甜面团。

面团制作时长

准备时长：15分钟。

所需器具

带搅拌钩的和面机（可选）。

其他适用范围

萨布雷。

如何判断面团是否制作成功？

如果面团质地均匀，表面光滑，说明制作成功。

常规适用范围

挞皮。
甜品基底。

保存方法

和面结束后，用食品级保鲜膜将面团裹住，冷藏可保存24小时。

为什么法式甜酥面团质地松散，口感酥软？

面团中所含的大量黄油阻断了原材料之间的联结，麸质蛋白间也难以形成紧致的网状结构，面团因此无法产生筋性。此外，由于细砂糖并不会完全溶于油脂中，面团中会存在一定量颗粒状的细砂糖，从而形成松脆的口感。

难点

准确把握和面时间和力度，避免黄油过度融化，影响面团的弹性。

所需技巧

和面（第30—33页）。

诀窍

制作法式甜酥面团时，建议先不使用和面机，而是用手工搅拌：先将面粉、糖粉、盐和杏仁粉倒入搅拌碗中混合均匀，再放入块状黄油和鸡蛋，手动快速充分混合搅拌1或2次（"混合搅拌"技巧，第282页），制成面团。

制作流程

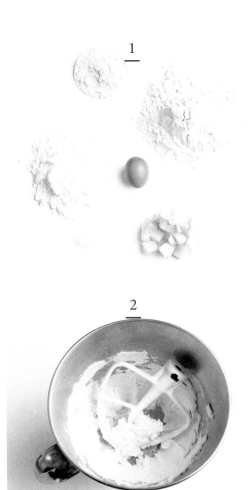

制作一个直径为24—26厘米的挞皮

无盐黄油，切小块　155克
糖粉　100克
杏仁粉　30克
盐　1克
T65精制面粉　260克
鸡蛋　1枚

1、2.
将切成小块的黄油放入和面桶中，和面机调至1挡，利用搅拌桨搅拌2分钟。

3.
糖粉和杏仁粉分别过筛，倒入和面桶，将和面机调至1挡，搅拌2分钟。

4.
面粉过筛后和盐一起倒入和面桶，撤掉和面机上的搅拌桨，装上和面钩，将和面机调至1挡开始和面，直至面团质地均匀。

5.
加入鸡蛋，继续以1挡的速度和面5分钟。

6.
取出面团，将面团整成长方形，用食品级保鲜膜裹好，放入冰箱冷藏。

卡仕达酱

基础知识

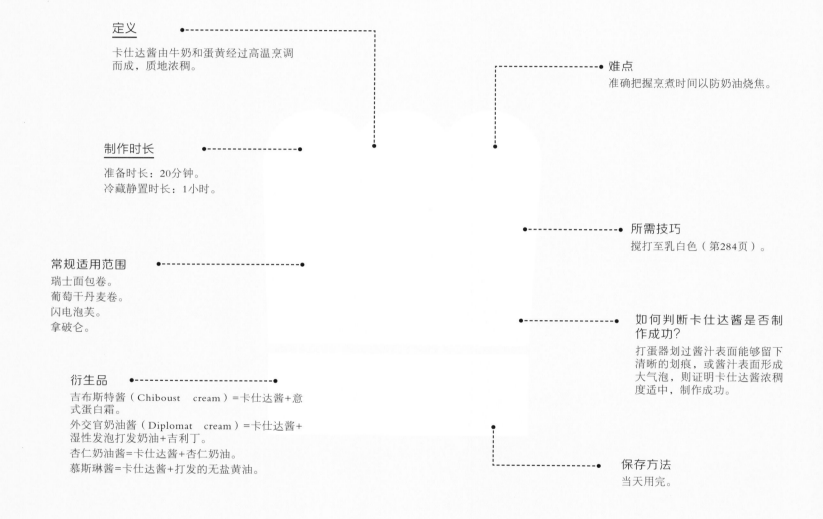

定义
卡仕达酱由牛奶和蛋黄经过高温烹调而成，质地浓稠。

难点
准确把握烹煮时间以防奶油烧焦。

制作时长
准备时长：20分钟。
冷藏静置时长：1小时。

所需技巧
搅打至乳白色（第284页）。

常规适用范围
瑞士面包卷。
葡萄干丹麦卷。
闪电泡芙。
拿破仑。

如何判断卡仕达酱是否制作成功？
打蛋器划过酱汁表面能够留下清晰的划痕，或酱汁表面形成大气泡，则证明卡仕达酱浓稠度适中，制作成功。

衍生品
吉布斯特酱（Chiboust cream）=卡仕达酱+意式蛋白霜。
外交官奶油酱（Diplomat cream）=卡仕达酱+湿性发泡打发奶油+吉利丁。
杏仁奶油酱=卡仕达酱+杏仁奶油。
慕斯琳酱=卡仕达酱+打发的无盐黄油。

保存方法
当天用完。

如何将液体混合物制成酱汁？
玉米淀粉与其他食材混合后，其中的淀粉质会吸收食材中的水分（通常来自鸡蛋或牛奶）。在烹饪过程中，鸡蛋会凝结，淀粉会形成胶质，进而分解为直链淀粉和支链淀粉，使混合物更加黏稠。冷藏后，淀粉分子间会形成关联，混合物的质地会进一步发生变化。

为什么酱汁冷却后，表面会风干形成一层"外皮"？
蛋白质经过加热会逐渐凝结（如加热牛奶时形成的奶皮），加之酱汁遇空气后表面失水，因此会形成一层外皮。

使用面粉调制的酱汁与使用玉米淀粉调制的酱汁有什么不同？
面粉或玉米淀粉都是作为增稠剂加入酱汁中，由于两种粉类所含的淀粉不同，所调制出的酱汁质地也会有区别。使用玉米淀粉制作的酱汁比使用等量面粉制作的酱汁质地更轻盈。

制作流程

1

2

3

4

5

6

制作600克的卡仕达酱

牛奶　500克

细砂糖　100克

香草荚　半根

玉米淀粉　45克

鸡蛋　2枚

1、2.
将牛奶和一半的细砂糖倒入锅中。用刀背将香草荚拍扁，自上而下将香草荚剖成两半。用刀刮出香草籽，倒入锅中，继续烹煮直至沸腾后，离火。

3.
将玉米淀粉和细砂糖倒入搅拌碗中充分搅拌，然后打入鸡蛋，继续搅打直至呈乳白色。

4.
将部分煮好的牛奶倒入打发的蛋液中，继续搅打直至质地均匀，倒回锅中，与剩余的牛奶混合搅拌。搅拌均匀后重新加热，直至沸腾。沸腾之后请勿关火，继续加热并搅拌1分钟。

5.
将煮好的卡仕达酱倒入不锈钢方盘中，表面覆盖保鲜膜以免表面风干。放入冰箱冷藏1小时。

6.
在使用卡仕达酱制作糕点之前，需重新搅打使之细腻均匀。

杏仁奶油

基础知识

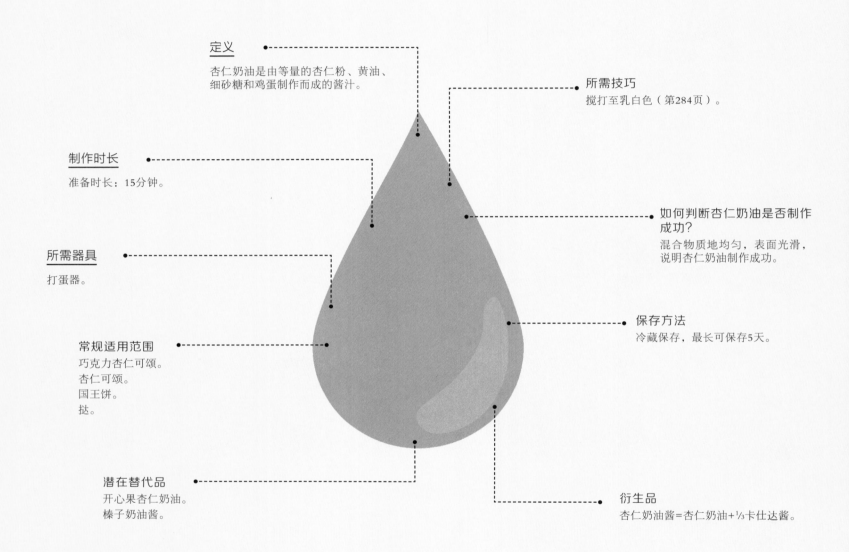

定义
杏仁奶油是由等量的杏仁粉、黄油、细砂糖和鸡蛋制作而成的酱汁。

所需技巧
搅打至乳白色（第284页）。

制作时长
准备时长：15分钟。

如何判断杏仁奶油是否制作成功？
混合物质地均匀，表面光滑，说明杏仁奶油制作成功。

所需器具
打蛋器。

保存方法
冷藏保存，最长可保存5天。

常规适用范围
巧克力杏仁可颂。
杏仁可颂。
国王饼。
挞。

潜在替代品
开心果杏仁奶油。
榛子奶油酱。

衍生品
杏仁奶油酱=杏仁奶油+⅓卡仕达酱。

为什么必须将黄油和细砂糖搅打至乳白色？
搅打这一动作能够使细砂糖迅速溶解于黄油所含的水分中，避免杏仁奶油中出现不必要的细砂糖结晶。

杏仁奶油为什么会膨胀？
各种原材料混合在一起时会产生一些气泡，这些气泡会不断地变大，促使杏仁奶油膨胀，从而产生类似慕斯的顺滑口感。

制作流程

如何制作400克的杏仁奶油

软化的无盐黄油　100克

细砂糖　100克

杏仁粉　100克

玉米淀粉（或面粉）　10克

鸡蛋　2枚

1、2、3.
黄油和细砂糖倒入搅拌碗中，打发至呈乳白色。

4.
倒入杏仁粉和玉米淀粉，继续搅拌。

5、6.
打入鸡蛋，继续搅拌直至混合物质地均匀。表面覆盖保鲜膜以免杏仁奶油表面风干，放入冰箱冷藏。

苹果泥

基础知识

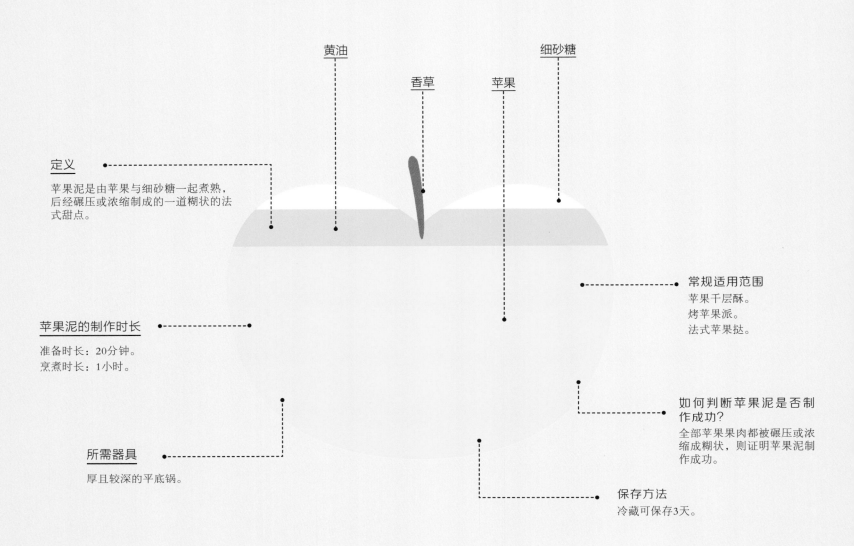

黄油

香草

苹果

细砂糖

定义

苹果泥是由苹果与细砂糖一起煮熟，后经碾压或浓缩制成的一道糊状的法式甜点。

苹果泥的制作时长

准备时长：20分钟。
烹煮时长：1小时。

所需器具

厚且较深的平底锅。

常规适用范围

苹果千层酥。
烤苹果派。
法式苹果挞。

如何判断苹果泥是否制作成功？

全部苹果肉都被碾压或浓缩成糊状，则证明苹果泥制作成功。

保存方法
冷藏可保存3天。

为什么要加入黄油？
黄油能够增加苹果泥的香气，令口感更加细腻丝滑。融化的黄油紧紧包裹住味蕾，弥补了果泥因缺乏油脂而存在的口味上的不足，使口感更加平衡，富于层次。

制作诀窍
要制作出质地细腻绵密的苹果泥，应先拣出未煮透的部分，再用搅拌器将煮好的苹果搅打至糊状。

制作流程

如何制作1千克的煮苹果

苹果　880克
细砂糖　50克
无盐黄油　70克
香草荚　半根

1、2.
苹果去皮，去核，然后切成块状（请注意，其中一个苹果只需去皮，去核，无须切块）。

3、4.
苹果块放入厚且深的平底锅中，再放入细砂糖和无盐黄油。将香草荚剖成两半，刮出香草籽。然后将香草籽和香草荚一同放入锅中，盖上锅盖，中火熬煮1小时。熬煮的过程中，请定时搅拌以免粘锅。

5.
关火，然后静置一段时间使之冷却。将此前剩余的那个苹果煮熟切丁，倒入已煮好的苹果中搅拌均匀。

第二章
烘焙配方

长棍面包

基础知识

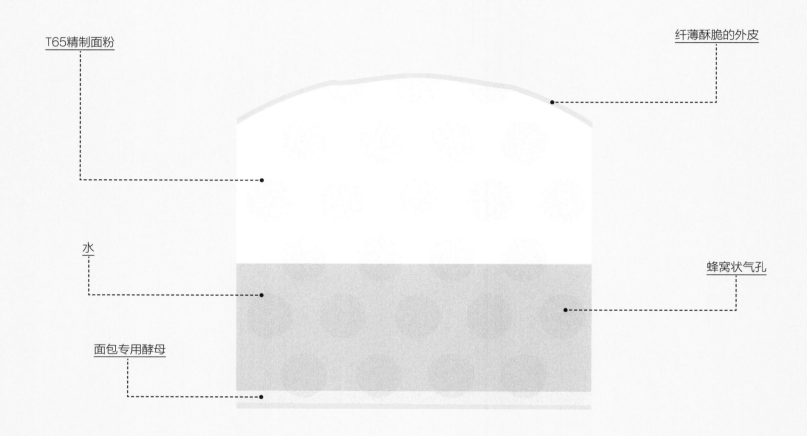

T65精制面粉

纤薄酥脆的外皮

水

蜂窝状气孔

面包专用酵母

什么是长棍面包？

长棍面包是一种用白面团烘烤而成的棍状面包。

长棍面包的特征

重量：250克。
长度：60厘米。
内部结构：蜂窝状气孔，均匀。
表皮：极其纤薄。
口感：平衡。

制作长棍面包所需器具

带搅拌钩的和面机（可选）。
切面刀。
割包刀。

制作时长

准备时长：35分钟。
发酵时长：2.5小时（静置松弛30分钟，二次发酵2小时）。
烘烤时间：20—25分钟。

所需技巧

和面（第30—33页）。
整形成长棍状（第43页）。
割包（第50—51页）。

如何判断长棍面包是否制作成功？

如果面包表皮轻微上色，呈浅金黄色，则证明长棍面包制作成功。

为什么长棍面包的内部如此柔软？

面包专用酵母有助于面团快速发酵，发酵时间极短，膨发后的内部结构十分蓬松柔软（发酵仅需2小时）。

为什么长棍面包的外皮如此纤薄酥脆？

面团中含有大量的水分，入炉后外皮不会迅速被烘干，同时也缩短了外皮形成硬壳所需的时间。

制作流程

如何制作2条长棍面包

T65精制面粉　390克
水（水温为20℃—25℃）　240克
盐　7克
面包专用鲜酵母　6克

制作流程

1

2

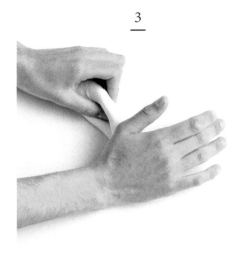

3

4

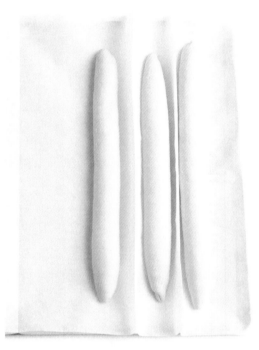

5

6

1.
将面粉、水、盐和酵母倒入和面桶中，和面机调至1挡，和面4分钟（第32页），再调至中速挡，和面6分钟。当面团从和面桶内壁掉落到桶底，说明和面成功（如选择手工和面，参见第30—31页）。

2.
用切面刀将和好的面团等分为2个320克的小面团。在操作台上撒些干面粉，将其中一个小面团放在操作台上（光滑面朝下），压成方形。另一个面团也做相同处理，之后用干净的茶巾将方形面饼盖住，常温静置30分钟。

3.
将方形面饼整形成长棍状，操作手法如下：将面饼折三折（将面饼上下两端分别向中心线对折，折叠后，上下两部分完全重合）。
然后用左手大拇指从面团最右端开始按压，同时用右手手掌根部按压左手拇指按过的位置，将对折后的接缝压实。双手配合，由右及左将面团按

压一遍。完成后，将面团压平，将折叠、按压的动作重复一次。

4.
将双手放在面团中部，由内往外揉搓，将面团搓成长棍状。

5.
将搓好的面团放在发酵布上（有接缝线的一面朝下），再用另一块发酵布盖住以免表皮风干，静置2小时（二次发酵，环境温度以25℃—28℃为宜）。用手指轻轻按压面团，若不留任何痕迹，证明二次发酵成功。

6.
将空烤盘和一碗水放入烤炉中，然后将烤炉预热至260℃（传统烤炉）。预热好的烤盘铺上烘焙纸，再将面团放在烘焙纸上（有接缝线的一面朝下）。用割包刀在面团上割三道切口（第51页）。用喷雾瓶向烤炉底部喷些水。最后，将面团入炉烘烤20—25分钟（烘烤的过程中，无须将盛水的碗取出）。

法式传统长棍面包

基础知识

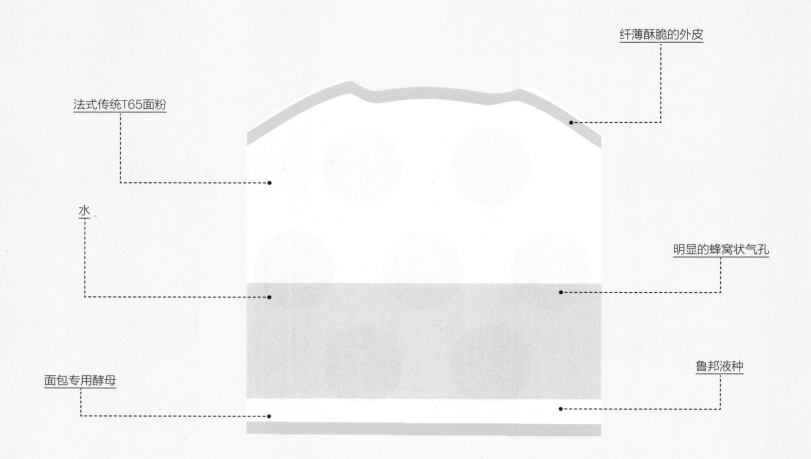

纤薄酥脆的外皮

法式传统T65面粉

明显的蜂窝状气孔

水

面包专用酵母

鲁邦液种

定义

法式传统长棍面包是一种由传统T65面粉和鲁邦种经过长时间发酵制成的长棍形面包。"法式传统长棍面包"是经1993年12月13日的"面包法案修订案"确立的固定称谓。

法式传统长棍面包的特征

重量：270克。
长度：45厘米。
内部结构：明显的蜂窝状气孔，较松散粗糙。
表皮：纤薄。
口感：微酸。

法式传统长棍面包的制作时长

准备时长：15分钟。
发酵时长：3.5小时（一次发酵1小时，静置松弛30分钟，二次发酵2小时）。
烘烤时间：20—25分钟。

制作长棍面包所需器具

带搅拌钩的和面机（可选）。
割包刀。
切面刀。

所需技巧

和面（第30—33页）。
整形成长棍状（第43页）。
割包（第50—51页）。
折叠（第37页）。

如何判断法式传统长棍面包是否制作成功？

如果面包表皮金黄松脆，敲击时发出低沉的声响，则证明制作成功。

为什么长棍面包的内部如此柔软？

面团在制作的过程中经过了两次发酵（一次发酵和二次发酵），膨胀得很充分。此外，相比普通酵母，鲁邦种的使用能够令面包内部产生更加丰富的气孔。

如何制作4根法式传统长棍面包

法式传统T65面粉　700克，另加20克（用于表面撒粉）
常温水　490克
盐　14克
鲁邦液种（第20页）　70克
面包专用鲜酵母　5克

制作流程

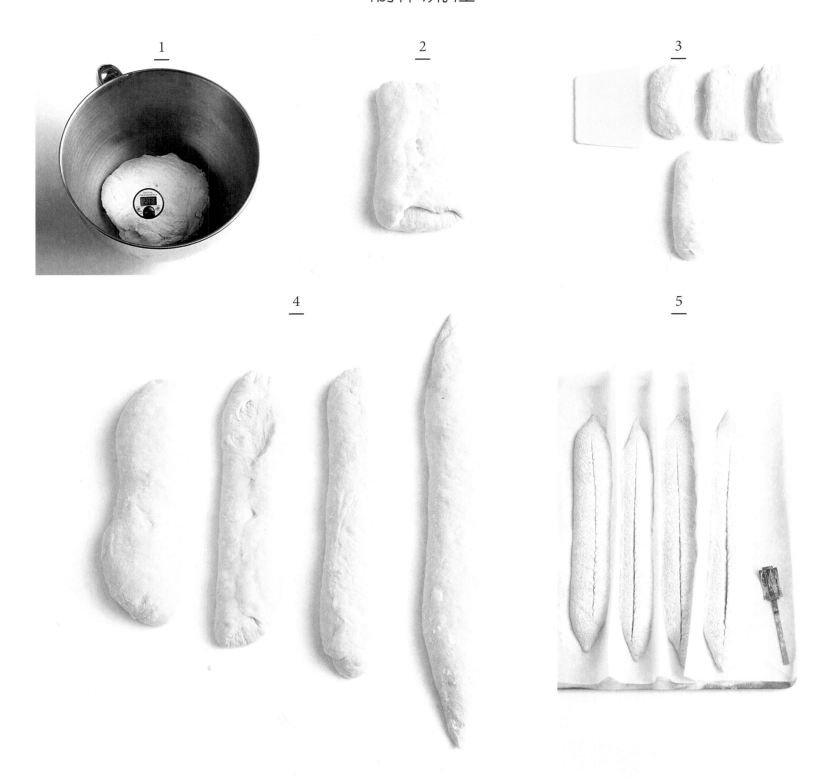

1.
将面粉、水、盐、鲁邦液种和揉碎的鲜酵母倒入和面桶中，和面机调至1挡，和面4分钟（第32页），再调至中速挡，和面6分钟。当面团从和面桶内壁掉落到桶底，说明和面成功（如选择手工和面，参见第30—31页）。

2.
将面团取出，放在撒有少许面粉的操作台上，用干净的茶巾盖住，一次发酵30分钟。然后，将面团进行折叠（第37页）。折叠完成后，将面团放在撒有少许面粉的操作台上，再次用干净的茶巾盖住，继续发酵30分钟。

3.
用切面刀将面团等分为4个330克的小面团。用手将面团揉成条状（静置松弛的预备步骤，第38页），放在撒有少许面粉的操作台上，用干净的茶巾盖住，静置30分钟。

4.
揉搓面团，并将其整形成长棍状（第43页），放在发酵布上（有接缝线的一面朝下），再用另一块发酵布盖住以免表皮风干，静置2小时（二次发酵，环境温度以25℃—28℃为宜）。用手指轻按面团，如果不留任何痕迹，证明二次发酵成功。

5.
将空烤盘和一碗水放入烤炉中，将烤炉预热至260℃（传统烤炉）。将烘焙纸放在预热好的烤盘上，再将面团放在烘焙纸上（有接缝线的一面朝下）。在面团上筛一些面粉（第285页，过筛），割包刀倾斜45°，沿面团中线割一道贯穿全长的切口。向烤炉炉底洒些水。面团入炉烘烤20—25分钟（烘烤的过程中请勿取出事先放入的水碗）。

法式传统杂粮麦穗面包

基础知识

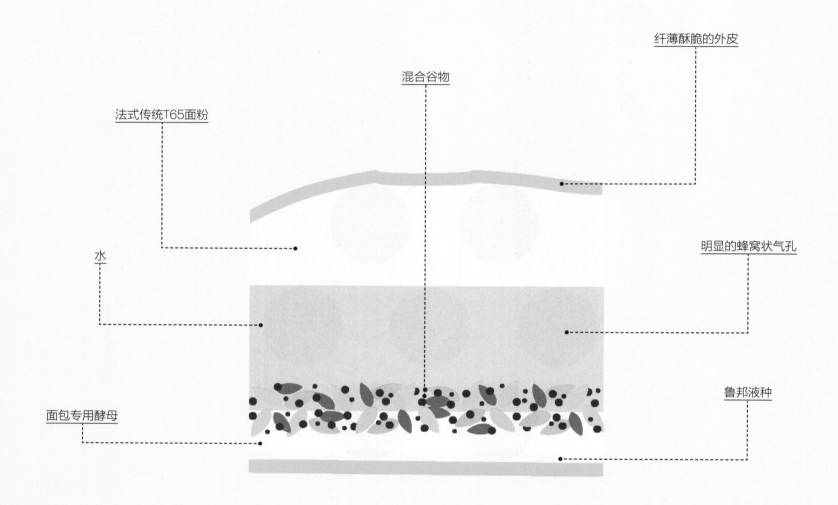

法式传统T65面粉

水

面包专用酵母

混合谷物

纤薄酥脆的外皮

明显的蜂窝状气孔

鲁邦液种

定义

法式传统杂粮麦穗面包由传统白面团混合烤熟的谷物种子制成，形如麦穗。

特征

重量：270克。
长度：45厘米。
内部结构：有极为丰富的蜂窝状气孔，较松散粗糙。
表皮：纤薄。
口感：微酸。

制作时长

准备时长：25分钟。
发酵时长：3.5小时（一次发酵1小时，静置松弛30分钟，二次发酵2小时）。
烘烤时间：20—25分钟。

所需器具

带搅拌钩的和面机（可选）。
割包刀。

所需技巧

和面（第30—33页）。
整形成长棍状（第43页）。
剪出麦穗形状（第51页）。
折叠（第37页）。

制作诀窍

用手指轻轻按压面团，若不留任何痕迹，则证明面团发酵成功。

如何判断法式传统杂粮麦穗面包是否烤好了

如果面包表皮呈金黄色，就说明烤好了。

如何制作2条法式传统杂粮麦穗面包

1. 制作面团的原材料

法式传统T65面粉　350克
水（水温为20℃—25℃）　245克
盐　5克
鲁邦液种（第20页）　35克
面包专用鲜酵母　2克

2. 混合谷物种子

混合有机谷物（亚麻籽、芝麻等）　60克
水　60克

制作流程

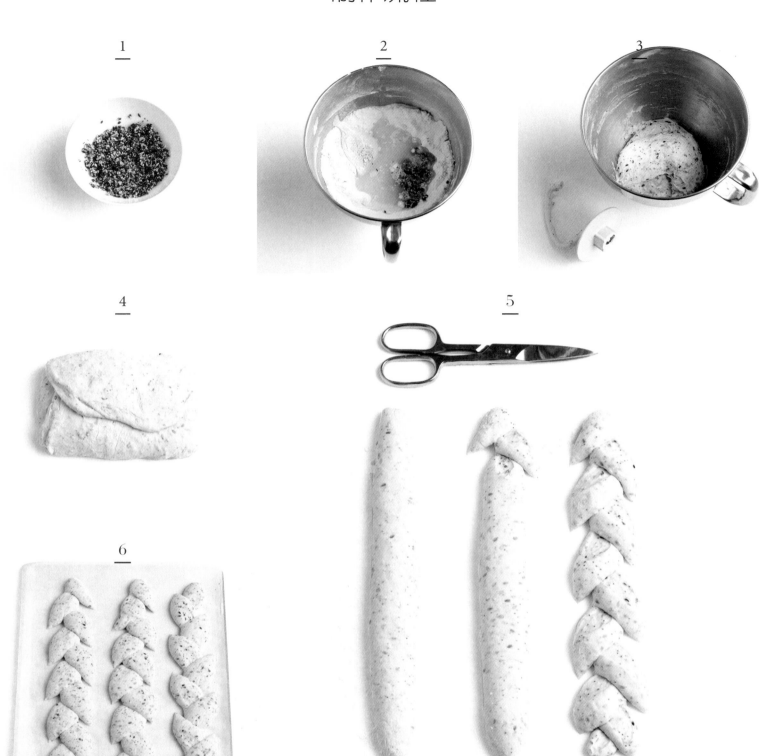

前一晚

1.

烤炉设定180℃，将混合谷物种子放入烤炉中烘烤10—15分钟。烤好的谷物种子倒入一个圆底的搅拌碗中，倒入水，常温放置至第二天（碗中的水应被谷物种子吸干，如碗中仍有水，应将谷物沥干）。

第二天

2、3.

将面粉、水、盐、鲁邦液种、揉碎的鲜酵母和混合谷物种子倒入和面桶中，和面机调至1挡，和面4分钟（第32页），再调至中速挡，和面6分钟。当面团从和面桶内壁掉落到桶底，说明和面成功（如选择手工和面，参见第30—31页）。

4.

将面团取出，放在撒有少许面粉的操作台上，用干净的茶巾盖住，一次发酵30分钟。将面团进行折叠（第37页）。完成后，重新将面团放在撒有少许面粉的操作台上，用干净的茶巾盖住，继续发酵30分钟。

5.

用切面刀将面团分成3份，揉成条状（第38页），放在撒有少许面粉的操作台上，用干净的茶巾盖住，常温静置30分钟。之后，再将面团整成长棍状（第43页）。将面团放在烘焙纸上（有接缝线的一面朝下），用干净的茶巾盖住以免表皮风干。静置1.5—2小时（二次发酵，环境温度以25℃—28℃为宜）。最后，将其剪切成麦穗状（第51页）。

6.

将空烤盘和一碗水放入烤炉中，然后将烤炉预热至260℃（传统烤炉）。之后，将面团连同烘焙纸一起放在预热好的烤盘上（有接缝线的一面朝下）。向烤炉炉底喷些水，将面团烘烤20—25分钟（烘烤时请勿将此前放入的那碗水取出）。

法式家庭面包

基础知识

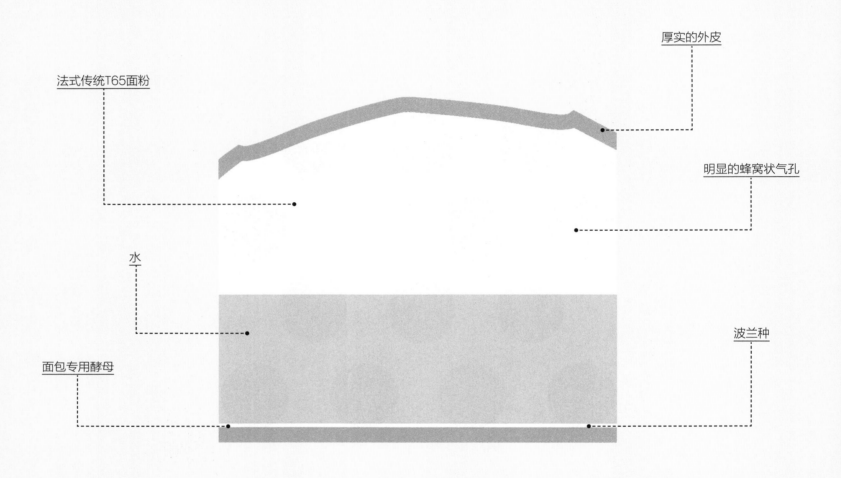

厚实的外皮

法式传统T65面粉

明显的蜂窝状气孔

水

波兰种

面包专用酵母

定义

法式家庭面包是一种以波兰种为酵头，形如小鱼雷的短棍面包。

特征

重量：250克。
长度：20厘米。
内部结构：丰富的蜂窝状气孔，较松散粗糙。
表皮：厚实。
口感：温和、微酸。

制作时长

准备时长：40分钟。
发酵时长：波兰种发酵16小时，一次发酵1小时，二次发酵45分钟。
烘烤时间：20—25分钟。

所需器具

带搅拌钩的和面机（可选）。
切面刀。

难点

制作波兰种。

所需技巧

和面（第30—33页）。
折叠（第37页）。

制作诀窍

制作波兰种时应使用足够大的容器，波兰种膨发后体积增大两倍。

如何判断法式家庭面包是否烤好？

面包表皮呈金黄色，则证明烤好了。

保质期

4—5天。

波兰种的作用

波兰种使面团更容易膨发，它可以替代鲁邦种，并为面包带来独特的香气和口感（这一点优于面包专用酵母）。

制作流程

1

2

如何制作4个法式家庭面包

1．制作面团的原材料

法式传统T65面粉　500克
水（水温为20℃—25℃）　325克
盐　11克
面包专用鲜酵母　1克

2．制作波兰种的原材料

法式传统T65面粉　175克
20℃的水　175克
面包专用鲜酵母　1克

制作流程

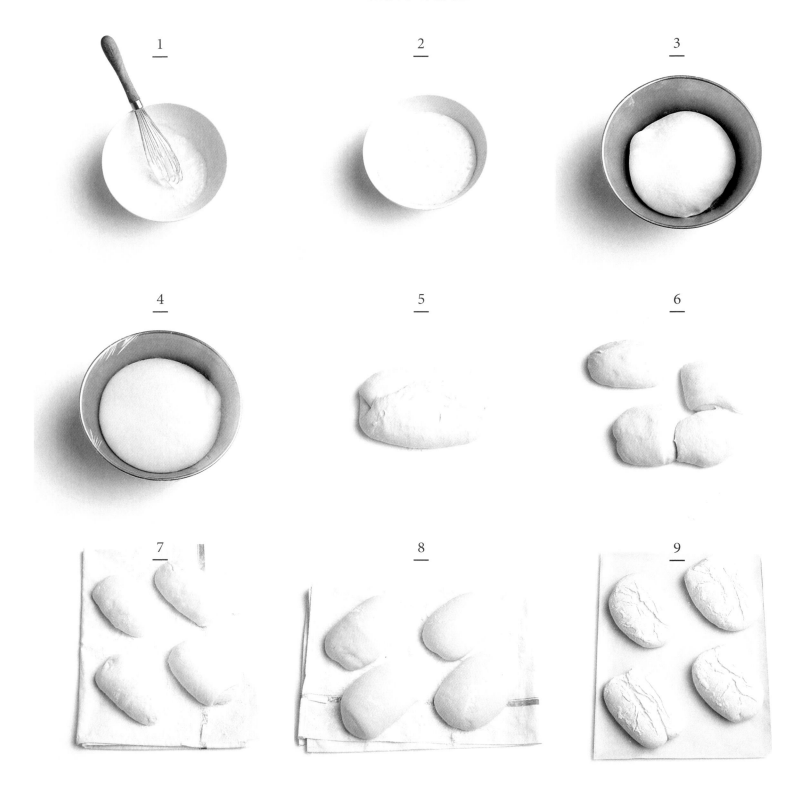

1	2	3
4	5	6
7	8	9

前一晚

1.

制作波兰种（第24页）。

制作当天

2、3.

将面粉、水、盐、揉碎的鲜酵母和波兰种倒入和面桶中，和面机调至1挡，和面10—15分钟（第32页）。当面团从和面桶内壁掉落到桶底，说明和面成功（如选择手工和面，参见第30—31页）。

4.

将面团取出，放入圆底的搅拌碗中，然后用食品级保鲜膜裹好，一次发酵1小时。

5.

第一阶段一次发酵20分钟，完成后将面团进行折叠（第37页）；第二阶段一次发酵40分钟后，再次将面团进行折叠。

6.

用切面刀将和好的面团等分为4个重为250克的小面团。将面团按压成长方形，并将两个长边向中间折叠。

7.

将面团放在撒有少许面粉的发酵布上（有接缝线的一面朝下）。将面团静置45分钟（二次发酵，环境温度以25℃—28℃为宜）。

8、9.

将空烤盘和一碗水放入烤炉中，烤炉预热至260℃（传统烤炉）。取出预热好的烤盘，将面团连同烘焙纸一起放在烤盘上，放置时需翻转面团，使有接缝线的一面朝上。向烤炉炉底喷些水。最后，将面团烘烤20—25分钟。

法式乡村面包

基础知识

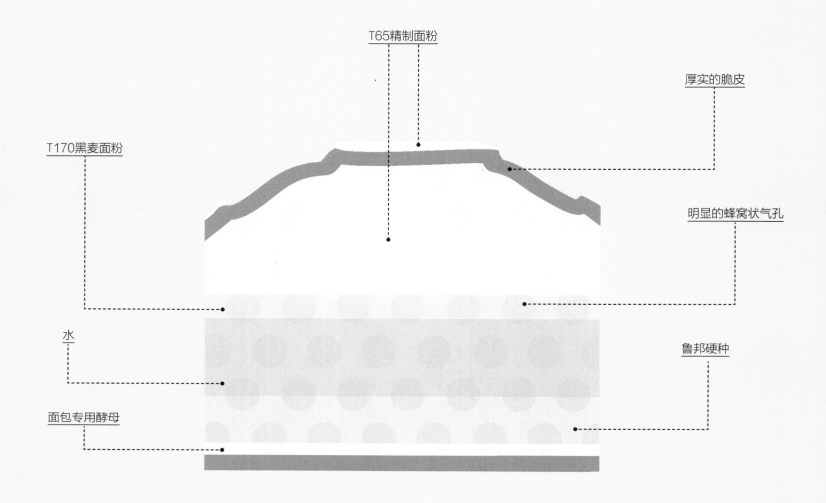

T65精制面粉

厚实的脆皮

T170黑麦面粉

明显的蜂窝状气孔

水

鲁邦硬种

面包专用酵母

定义

法式乡村面包是一种由小麦粉、黑麦粉和鲁邦硬种制成的短棍面包。

特征

重量：200克。
长度：20厘米。
内部结构：蜂窝状气孔。
表皮：厚实。
口感：富有层次，微酸。

制作时长

准备时长：30分钟。
发酵时长：3—3.5小时（一次发酵1小时，静置松弛30分钟，二次发酵1.5—2小时）。
烘烤时间：25—30分钟。

所需器具

带有搅拌钩的和面机（可选）。
切面刀。
割包刀。

保存方法

包装得当未切开的面包可以保存5天。
切开后的面包可以保存2—3天。

所需技巧

和面（第30—33页）。
折叠（第37页）。
整形成短棍状（第45页）。
菱形割纹（第51页）。

难点

适度加水：水量适当，可以使面团足够柔软即可；如果水量过大，会导致面团过黏。

如何判断法式乡村面包是否烤好了

菱形割纹烘烤后充分展开，表皮呈金黄色，敲击时发出空洞的声响，则说明烤好了。

为什么法式乡村面包的内部特别柔软轻盈？

小麦粉中丰富的麸质蛋白能够形成紧致结实的网状结构，锁住发酵气体，使面团充分膨发，面包心质地轻盈，同时散发着黑麦的醇香。

1

2

如何制作2条法式乡村面包

1. 制作面团的原材料

T65精制面粉　155克
T170黑麦面粉　60克
水　150克
鲁邦硬种（第22页）　100克
面包专用鲜酵母　2克
盐　6克

2. 分次加水的原材料

水　30克

制作流程

1、2、3.

将面粉、水、盐、鲁邦硬种和揉碎的鲜酵母倒入和面桶中，和面机调至1挡，和面4分钟（第32页），再调至中速挡，和面6分钟。当面团从和面桶内壁掉落到桶底，说明和面成功（如选择手工和面，参见第30—31页）。和面结束后，向面团中倒入适量的水以调整面团的黏度，充分搅拌直至水分被面团完全吸收。将面团取出，放在撒有少许面粉的操作台上，用干净的茶巾盖住，静置1小时。静置30分钟后，将面团进行折叠（第37页），之后继续静置发酵30分钟。

4.

用切面刀将和好的面团等分为2个250克的小面团。将面团揉圆（静置松弛前的预备步骤，见第38页），用干净的茶巾盖住，常温静置松弛30分钟。之后，将面团揉搓成短棍形（第45页）。

5.

将面团放在烘焙纸上，有接缝线的一面朝上。盖上干净的茶巾以防表皮风干，静置1.5小时（二次发酵，环境温度以25℃—28℃为宜）。用手指轻轻按压表面，面团不塌陷，则证明二次发酵成功。

6.

将空烤盘和一碗水放入烤炉中，烤炉预热至260℃（传统烤炉）。取出预热好的烤盘，将面团上下翻转，用手轻拂去表面多余的面粉。将面团与烘焙纸一同放在预热好的烤盘上（有接缝线的一面朝下）。用割包刀在面团上割出菱形花纹（第51页，宽纹波尔卡面包）。向烤炉炉底洒些水。面团入炉，烘烤20—25分钟（烘烤过程中，请勿将此前放入的那碗水取出）。

老式面包

基础知识

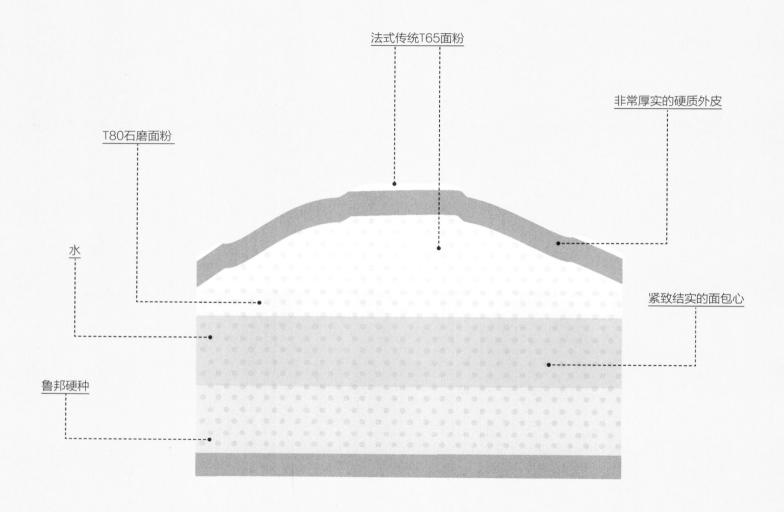

法式传统T65面粉

非常厚实的硬质外皮

T80石磨面粉

水

鲁邦硬种

紧致结实的面包心

定义

老式面包是一种由鲁邦硬种、传统法式面粉和石磨面粉（小麦经石磨碾压研磨而成，其优势在于石磨不会剔除小麦中原有的麸皮）制成的较粗的长条面包。

老式面包的特征

重量：500克。
长度：50—55厘米。
内部结构：紧致结实。
表皮：非常厚实。
口感：略酸，风味独特。

制作时长

准备时长：40分钟。
发酵时长：4.5小时（一次发酵2小时，静置松弛30分钟，二次发酵2小时）。
烘烤时间：40分钟。

所需器具

带有搅拌钩的和面机（可选）。
割包刀。

所需技巧

和面（第30—33页）。
折叠（第37页）。
整形成短棍状（第45页）。
菱形割纹（第51页）。

如何判断老式面包是否烤好了

如果面包表皮金黄酥脆，敲击时发出空洞的声响，则证明面包烤好了。

保存方法

密封保存4—5天。

1

2

3

如何制作1条老式面包

T80或T110石磨面粉　130克

法式传统T65面粉　60克

水　160克

鲁邦硬种（第22页）　150克

盐　6克

1、2.

将面粉、水、盐和鲁邦硬种倒入和面桶中，和面机调至1挡，和面4分钟（第32页），再调至中速挡，和面6分钟。当面团从和面桶内壁掉落到桶底，说明和面成功（如选择手工和面，参见第30—31页）。

将面团放入搅拌碗中，用食品级保鲜膜裹好，常温下一次发酵1小时。

将面团进行折叠（第37页），完成后将面团重新放入搅拌碗中，用食品级保鲜膜裹好，在常温下继续一次发酵1小时。

将面团揉成条状（第38页），然后在常温下静置松弛30分钟。

将面团揉搓成短棍状（第45页）。

将面团放在烘焙纸上，有接缝线的一面朝下，盖上茶巾以防表皮风干，静置2小时（二次发酵，环境温度以25℃—28℃为宜）。

将空烤盘和一碗水放入烤炉中，将烤炉预热至260℃（对流式烤箱）。取出预热好的烤盘，将面团与烘焙纸一同放在烤盘上（有接缝线的一面朝下）。在面团表面筛一些面粉（第285页），再用割包刀割出菱形花纹（第51页）。

3.

向烤炉炉底洒些水。面团入炉烘烤40分钟（烘烤过程中，请勿将此前放入的那碗水取出）。烘焙结束前的最后5—10分钟，请将炉门打开。

石磨面粉圆面包

基础知识

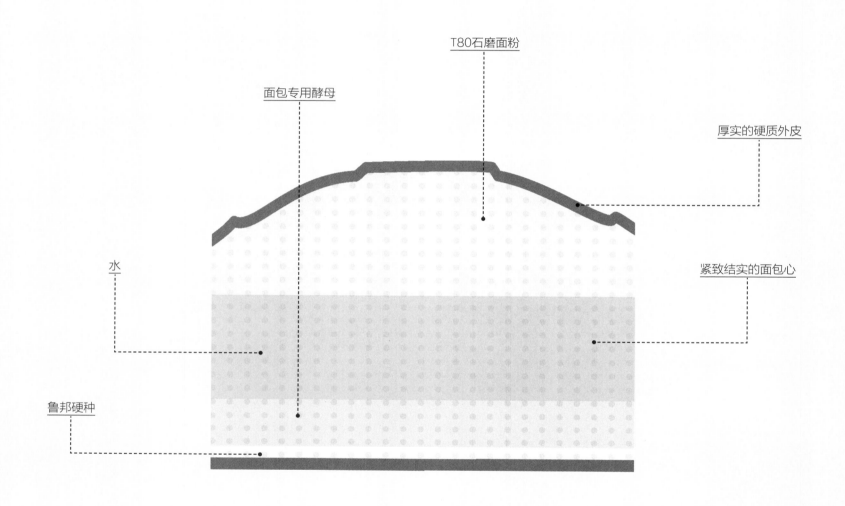

面包专用酵母

T80石磨面粉

厚实的硬质外皮

水

紧致结实的面包心

鲁邦硬种

定义

石磨面粉圆面包是一种由石磨半全麦面粉（保存了小麦中的麸皮）和鲁邦硬种制成的圆形大面包。

特征

重量：550克。
长度：直径20厘米。
内部结构：紧致结实。
表皮：厚实。
口感：微酸。

石磨面粉圆面包的制作时长

准备时长：30分钟。
发酵时长：5—5.5小时（一次发酵3小时，二次发酵2—2.5小时）。
烘烤时间：35—40分钟。

所需器具

带有搅拌钩的和面机（可选）。
割包刀。

所需技巧。

和面（第30—33页）。
折叠（第37页）。
整成圆形（第42页）。
菱形割纹（第51页）。

制作诀窍

烘烤结束后，不要立刻将面包取出，让炉门保持半开状态约10分钟，使面包内部的湿气充分散去。

如何判断石磨面粉圆面包是否烤好了

如果面包外皮酥脆，呈焦黄色，就说明面包烤好了。

保存方法

密封保存4—5天。

制作流程

如何制作1个石磨面粉圆面包

T80石磨面粉　220克

鲁邦硬种（第22页）　110克

25℃的清水　200克

面包专用鲜酵母　4克

盐　6克

1.
将T80石磨面粉、水、盐、鲁邦硬种和揉碎的鲜酵母倒入和面桶中，和面机调至1挡，和面4分钟（第32页），再调至中速挡，和面6分钟。当面团从和面桶内壁掉落到桶底，说明和面成功。（如选择手工和面，参见第30—31页）。

2.
将面团放入搅拌碗中，用食品级保鲜膜裹好，静置一次发酵1小时（环境温度以25℃—28℃为宜）。

将面团进行折叠（第37页），然后继续一次发酵1小时。

再次将面团进行折叠，然后继续一次发酵1小时。

3.
将面团整成圆形（第42页）。搅拌碗中垫一块发酵布，在布上撒些许面粉，将圆形面团放入碗中，上面再覆盖另一块发酵布。

4.
将面团静置2—2.5小时（二次发酵，环境温度以25℃—28℃为宜）。

5.
将空烤盘和一碗水放入烤炉中，烤炉预热至260℃（传统烤炉）。取出预热好的烤盘，将面团与烘焙纸一同放在烤盘上（有接缝线的一面朝下）。在面团表面筛一些面粉，用割包刀在面团上割一个等边菱形（第51页）。

6.
向烤炉炉底喷些水。将面团入炉烘烤35—40分钟（烘烤过程中，请勿将此前放入的那碗水取出）。烘焙结束前的最后5—10分钟，将炉门打开。

谷物面包

基础知识

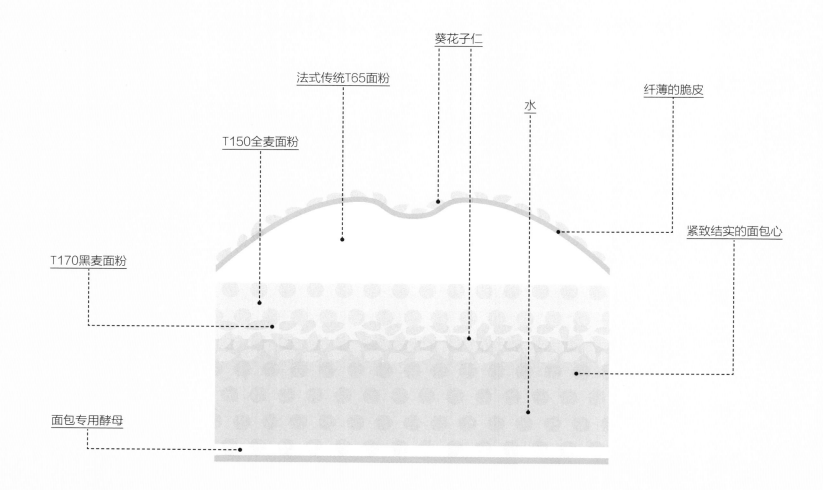

葵花子仁

法式传统T65面粉

纤薄的脆皮

水

T150全麦面粉

紧致结实的面包心

T170黑麦面粉

面包专用酵母

定义

谷物面包是一种由法式传统面粉、全麦面粉、黑麦面粉和葵花子制成的面包。

谷物面包的特征

重量：400克。
长度：直径15厘米。
内部结构：紧致结实。
表皮：纤薄酥脆。
口感：谷物的颗粒质感和葵花子仁的香脆。

谷物面包的制作时长

准备时长：30分钟。
发酵时长：3小时（一次发酵1小时，静置松弛30分钟，二次发酵1.5小时）。

烘烤时间：25—30分钟。

所需器具

带有搅拌钩的和面机（可选）。
割包刀。
毛刷。

所需技巧

和面（第30—33页）。
折叠（第37页）。
整成圆形（第42页）。
十字割纹（第51页）。

如何判断谷物面包是否烤好了

如果面包表皮呈棕色，敲击底部时发出空洞的声响，则证明面包烤好了。

保存方法

用干净的茶巾裹好，密封保存，可存放3—4天。

为什么谷物面包的外皮如此纤薄？

与其他大型面包（如全麦面包）不同，谷物面包没有选用鲁邦种（烘烤后外皮厚实），而是选用了面包专用酵母（烘烤后外皮纤薄）。

制作流程

如何制作1个谷物面包

1.制作面团所需的原材料

法式传统T65面粉　100克
T150全麦面粉　50克
T170黑麦面粉　50克
水　150克
面包专用鲜酵母　4克
盐　4克
葵花子仁　25克

2.表面装饰所需的原材料

葵花子仁　10克

制作流程

1.
将面粉、水、盐和揉碎的鲜酵母倒入和面桶中，和面机调至1挡，和面4分钟（第32页），再调至中速挡，和面6分钟。当面团从和面桶内壁掉落到桶底，说明和面成功（如选择手工和面，参见第30—31页）。

2.
倒入葵花子仁，然后继续以1挡的速度和面，直至葵花子仁均匀地分布在面团中。

3.
将面团取出，放入搅拌碗中。

4.
用保鲜膜封住搅拌碗，在常温下一次发酵30分钟。

5.
将面团进行折叠（第37页）。

6.
将面团重新放回搅拌碗中，用保鲜膜封口，继续一次发酵30分钟。

7.
将面团揉圆（静置松弛前的预备步骤，见第38页），盖上干净的茶巾，在常温下静置30分钟。将面团整成圆形（第42页），放在烘焙纸上，有接缝线的一面朝下。用毛刷蘸些凉水，刷在面团表面，将葵花子仁撒在面团表皮上。

8.
用茶巾盖住面团，静置1.5小时（二次发酵，环境温度以25℃—28℃为宜）。

9.
将空烤盘和一碗水放入烤炉中，将烤炉预热至260℃（传统烤炉）。在面团上划十字形花纹（第51页）。
取出预热好的烤盘，将面团和烘焙纸一同放在烤盘上（有接缝线的一面朝下）。向烤炉炉底喷些水。将面团入炉烘烤25—30分钟（烘烤过程中，请勿将此前放入的那碗水取出）。烘焙结束前的最后5—10分钟，将炉门打开。

全麦面包

基础知识

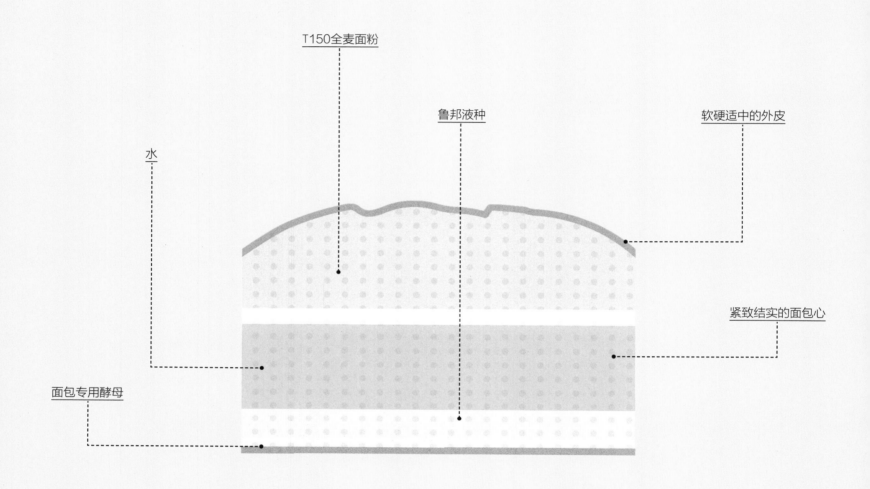

T150全麦面粉

鲁邦液种

软硬适中的外皮

水

紧致结实的面包心

面包专用酵母

定义

全麦面包是一种以鲁邦液种为酵头，用全麦面粉制成的短棍面包。

全麦面包的特征

重量：360克。
长度：25厘米。
内部结构：紧致结实。
表皮：软硬适中。
口感：粗糙。

制作时长

准备时长：15分钟。
发酵时长：3—3.5小时（一次发酵1小时，静置松弛30分钟，二次发酵1.5—2小时）。

烘烤时间：25—30分钟。

所需器具

带有搅拌钩的和面机（可选）。
割包刀。

如何判断全麦面包是否烤好了

如果面包表皮金黄酥脆，敲打时发出空洞的声响，就说明面包烤好了。

所需技巧

和面（第30—33页）。
揉圆（第38页）。
整形成短棍状（第45页）。
斜纹割包（第51页）。

制作诀窍

二次发酵结束后，用手指轻轻按压面团，如果不留任何痕迹，则证明发酵成功。

保质期

2天。

制作流程

如何制作1条全麦面包

制作面团所需的原材料

T150全麦面粉　180克
水　130克
鲁邦液种（第20页）　45克
盐　4克
面包专用鲜酵母　3克

表面筛粉

T65精制面粉

1.
将全麦面粉、水、盐、鲁邦液种和揉碎的鲜酵母倒入和面桶中，和面机调至1挡，和面4分钟（第32页），再调至中速挡，和面6分钟。当面团从和面桶内壁掉落到桶底，说明和面成功（如选择手工和面，参见第30—31页）。

2.
将面团放入搅拌碗中，用干净的茶巾盖住，于温暖处一次发酵1小时（环境温度以25℃—28℃为宜）。

3、4.
将面团揉圆（静置松弛前的预备步骤，见第38页），放在撒有少许面粉的操作台上，用干净的茶巾盖住，静置30分钟。

5.
将面团搓成短棍形（第45页），放在烘焙纸上，有接缝线的一面朝下。在面团表面筛一些面粉（第285页）。

6.
使用斜纹割包手法（第51页）在面团表面割出花纹。

7.
用干净的茶巾盖住面团，于温暖处静置1.5—2小时（二次发酵，环境温度以25℃—28℃为宜）。

8.
将空烤盘和一碗水放入烤炉中，然后将烤炉预热至260℃（传统烤炉）。取出预热好的烤盘，将面团与烘焙纸一同放在烤盘上（有接缝线的一面朝下）。向烤炉炉底洒些水。面团入炉烘烤25—30分钟（烘烤过程中，请勿将此前放入的那碗水取出）。烘烤的最后5分钟，请将炉门打开。

黑麦面包

基础知识

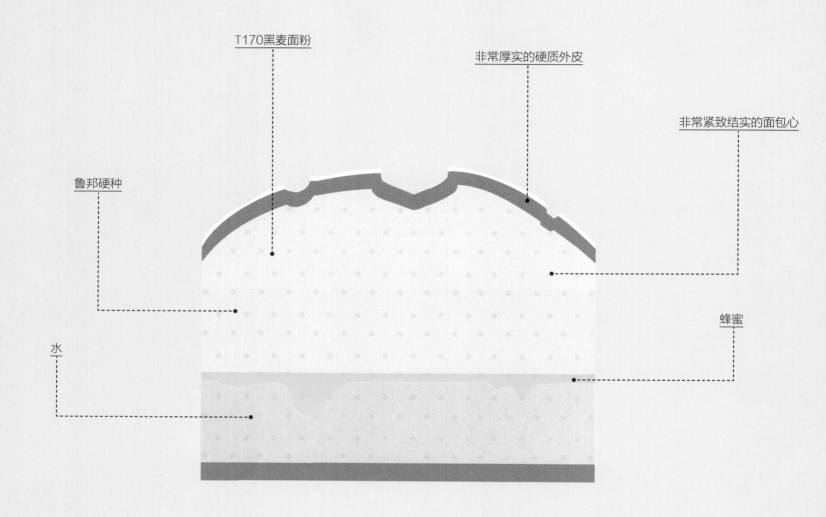

T170黑麦面粉

非常厚实的硬质外皮

非常紧致结实的面包心

鲁邦硬种

蜂蜜

水

定义

黑麦面包是一种由黑麦面粉、鲁邦硬种和蜂蜜制成的圆形大面包。

黑麦面包的特征

重量：500克。
长度：直径20厘米。
内部结构：非常紧致结实。
表皮：非常厚实，有裂纹，表面撒粉。
口感：筋道，有酸味，有一丝焦糖的香气。

制作时长

准备时长：30分钟。
发酵时长：3.5小时（一次发酵2小时，二次发酵1.5小时）。
烘烤时间：40—45分钟。

所需器具

带有搅拌钩的和面机（可选）。

所需技巧

和面（第30—33页）。
整成圆形（第42页）。

如何判断黑麦圆面包是否烤好了

如果面包表皮呈深金黄色，敲击顶部时发出空洞的声响，就说明面包烤好了。

保存方法

用干净的茶巾裹住，密封保存4—5天。

为什么黑麦面包心如此紧致结实？

黑麦面团因使用了鲁邦硬种而具有一定的酸性，且其麸质蛋白含量较少（黑麦面粉麸质蛋白含量较少），因此很难形成网状结构以锁住发酵气体。面包内部无法形成较大的蜂窝状气孔，口感也因此较紧致结实。

制作流程

如何制作1个黑麦面包

T170黑麦面粉　170克
60℃的水　165克
鲁邦硬种（第22页）　170克
盐　5克
蜂蜜　7克

制作流程

1

2

3

4

6

5

1.
将面粉、水、盐、鲁邦硬种和蜂蜜倒入和面桶中，和面机调至1挡，和面4分钟（第32页），再调至中速挡，和面6分钟。（如选择手工和面，参见第30—31页）。

2.
向搅拌碗中撒少许面粉，将面团从和面桶中取出放入搅拌碗中。

3.
用保鲜膜封住搅拌碗，静置一次发酵2小时。

4.
将面团放在撒有少许面粉的操作台上，双手蘸手粉，将面团整成圆形（第42页）。

5.
在搅拌碗中垫一块发酵布，在布上撒少许面粉，将面团放入碗中，有接缝线的一面朝下。

6.
用另一块发酵布盖住面团，静置1.5小时（二次发酵，环境温度以25℃—28℃为宜）。

将空烤盘和一碗水放入烤炉中，然后将烤炉预热至260℃（传统烤炉）。将面团翻面，有接缝线的一面朝上，用手轻轻拂去表面多余的面粉。取出预热好的烤盘，将面团与烘焙纸一同放在烤盘上。向烤炉炉底洒些水。面团入炉烘烤40—45分钟（烘烤过程中，请勿将此前放入的那碗水取出）。烘烤的最后5—10分钟，请将炉门打开。

柠檬黑麦面包

基础知识

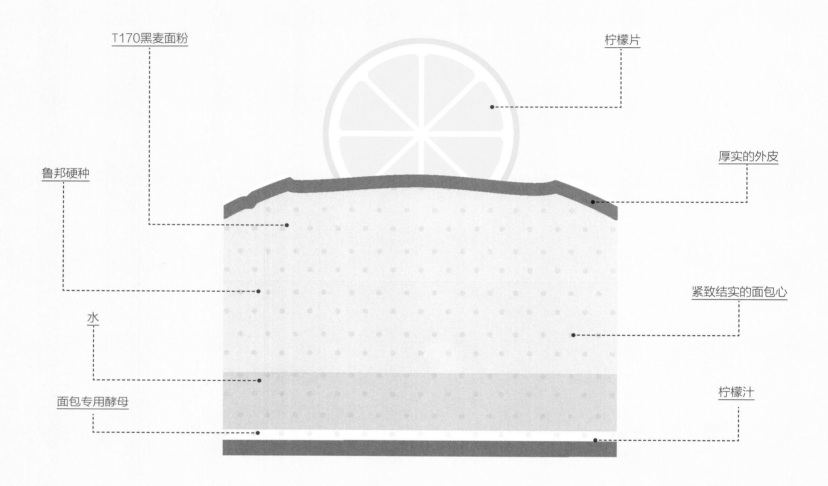

T170黑麦面粉

柠檬片

鲁邦硬种

厚实的外皮

水

紧致结实的面包心

面包专用酵母

柠檬汁

定义

柠檬黑麦面包是一种由黑麦面粉、鲁邦硬种和柠檬（柠檬汁以及柠檬片）制成的面包。

柠檬黑麦面包的特征

重量：250克。
长度：直径15厘米。
内部结构：紧致结实。
表皮：厚实。
口感：酸味十足。

柠檬黑麦面包的制作时长

准备时长：30分钟。
发酵时长：1小时45分钟（一次发酵45分钟，二次发酵1小时）。

烘烤时间：35分钟。

所需器具

带有搅拌钩的和面机（可选）。
切面刀。

所需技巧

和面（第30—33页）。
整成圆形（第42页）。

制作诀窍

向面团中滴入几滴柠檬精油，能够显著地改善面包口感。

保质期

2天。

如何判断柠檬黑麦面包是否烤好了

如果面包表皮呈棕色，敲击顶部时发出空洞的声响，就说明面包烤好了。

为什么柠檬黑麦面包的内部结构如此紧致结实？

黑麦面粉中的麸质蛋白含量较少，很难形成网状结构以锁住发酵气体。面包内部无法形成较大的蜂窝状气孔，口感因此变得紧致结实。

制作流程

1

2

3

4

5

6

7

如何制作2个柠檬黑麦面包

T170黑麦面粉　160克
水　140克
鲁邦硬种（第22页）　160克
面包专用鲜酵母　2克
盐　5克
有机柠檬汁　15克
有机柠檬皮碎屑　10克

装饰面团的原材料

T65精制面粉　15克
水
有机柠檬片　2片

1.
将面粉、水、盐、鲁邦硬种、揉碎的鲜酵母、有机柠檬汁和有机柠檬皮碎屑倒入和面桶中，和面机调至1挡，和面4分钟（第32页），再调至中速挡，和面6分钟。当面团从和面桶内壁掉落到桶底，说明和面成功（如选择手工和面，参见第30—31页）。

2.
向搅拌碗中撒少许面粉，将面团从和面桶中取出放入搅拌碗中。

3.
用发酵布盖住面团，静置一次发酵45分钟。

4.
用切面刀将面团等分为2个250克的小面团，分别整成圆形（第42页）。

5.
将面团放在烘焙纸上，有接缝线的一面朝下。用发酵布盖住，静置1小时（二次发酵，环境温度以25℃—28℃为宜）。

6、7.
将空烤盘放入烤炉中，然后将烤炉预热至240℃（传统烤炉）。在面团表面筛少许面粉。用毛刷蘸些水轻轻刷在面团中间，放一片有机柠檬，轻轻按实。取出预热好的烤盘，将面团与烘焙纸一同放在烤盘上。向烤炉炉底洒些水。将入炉面团烘烤35分钟。烘烤的最后5分钟，将炉门打开以去除面包内部的湿气。

黑面包

基础知识

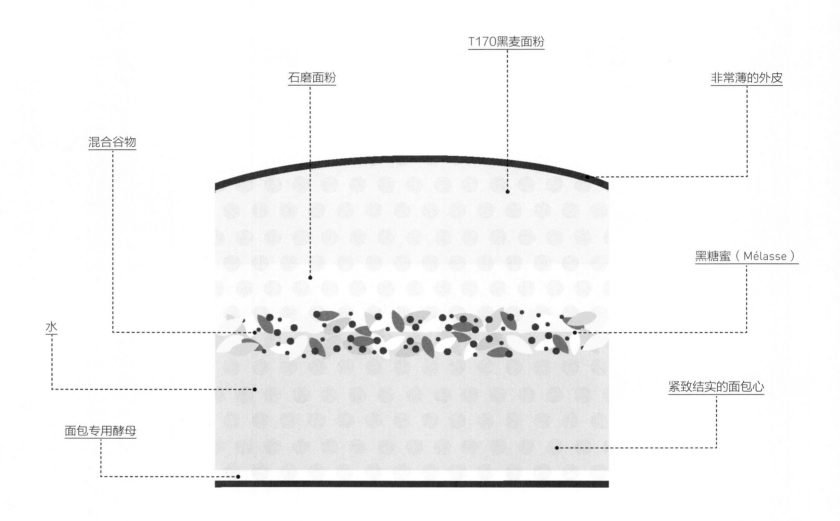

石磨面粉

T170黑麦面粉

非常薄的外皮

混合谷物

黑糖蜜（Mélasse）

水

紧致结实的面包心

面包专用酵母

定义

黑面包是一种由黑麦面粉、石磨面粉、黑糖蜜和混合谷物制作而成的面包。

黑面包的特征

重量：750克。
长度：20厘米。
内部结构：紧致结实。
表皮：纤薄、柔软。
口感：粗糙、独特。

黑面包的制作时长

准备时长：30分钟。
发酵时长：1小时。
烘烤时间：45分钟。

所需器具

带有搅拌钩的和面机（可选）。
长20厘米的磅蛋糕模。
毛刷。
割包刀。

所需技巧

和面（第30—33页）。

如何判断黑面包是否烤好了

将刀尖插入面包一直到底，拔出后表面干燥，就说明面包烤好了，否则应继续烘烤几分钟，直至烤熟。

保存方法以及保质期

密封保存4—5天。

为什么黑面包没有脆皮？

模具中的面包，烘烤时环境较湿润，外皮的湿度不会完全蒸发，因此无法形成脆皮。

制作流程

如何制作1个黑面包

制作面团的原材料

T170黑麦面粉　250克

T110石磨面粉　150克

20℃—25℃的清水　320克

面包专用鲜酵母　10克

盐　10克

黑糖蜜　20克

制作馅料的原材料

混合谷物（亚麻籽、芝麻、葵花子仁）　50克

水　40克

润滑模具所需的原材料

橄榄油

前一晚

将谷物用水浸泡一晚。

制作当天

1、2．

将面粉、水、盐、黑糖蜜和揉碎的鲜酵母倒入和面桶中，和面机调至1挡，和面4分钟（第32页），再调至中速挡，和面6分钟。当面团从和面桶内壁掉落到桶底，说明和面成功（如选择手工和面，参见第30—31页）。

3．

倒入谷物，继续以1挡的速度和面，直至谷物均匀地分布在面团中。

4．

用毛刷蘸些橄榄油，涂抹蛋糕模具内壁，再将面团倒入模具中。

5．

用茶巾盖住面团，静置1小时（二次发酵，环境温度以25℃—28℃为宜）。

6．

将空烤盘和一碗水放入烤炉中，然后将烤炉预热至230℃（传统烤炉）。取出预热好的烤盘，将蛋糕模具放在烤盘上。向烤炉炉底洒些水。将面团入炉烘烤45分钟（烘烤过程中，请勿将此前放入的那碗水取出）。烘烤的最后5分钟，将炉门打开。

栗子面包

基础知识

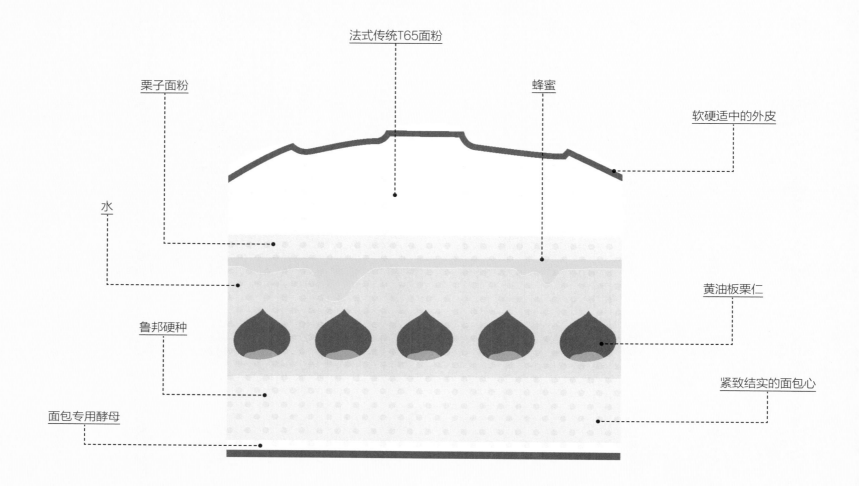

栗子面粉

法式传统T65面粉

蜂蜜

软硬适中的外皮

水

黄油板栗仁

鲁邦硬种

紧致结实的面包心

面包专用酵母

定义

栗子面包是一种由法式传统T65面粉（不含任何添加物）、栗子面粉和黄油板栗仁制成的面包。

栗子面包的特征

重量：300克。
长度：直径16—18厘米。
内部结构：紧致结实。
表皮：软硬适中。
口感：栗香浓郁。

制作时长

准备时长：40分钟。
发酵时长：2小时15分钟（一次发酵45分钟，二次发酵1.5小时）。
烘烤时间：30分钟。

所需器具

带有搅拌钩的和面机（可选）。
切面刀。
割包刀。

所需技巧

和面（第30—33页）。
整成圆形（第42页）。
菱形割纹（第51页）。

保存方法

密封完好未切分的面包可保存1周。
切分后可保存2—3天。

如何判断栗子面包是否烤好了

面包上色充分，表皮呈金黄色，菱形割纹微微绽开，就说明面包烤好了。

制作流程

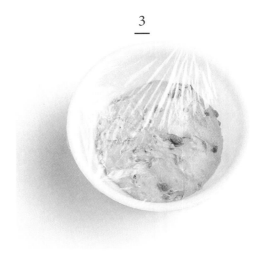

如何制作2个栗子面包

制作面团的原材料

法式传统T65面粉　200克

栗子粉　25克

水　160克

鲁邦硬种（第22页）　90克

面包专用鲜酵母　3克

盐　6克

蜂蜜　10克

制作黄油板栗仁的原材料

熟板栗仁　100克

黄油　10克

表面筛粉

T65精制面粉　15克

1.

将板栗仁和黄油倒入较深的平底锅中，小火煨10分钟。关火冷却5分钟。将板栗仁切成二等分或四等分（如果板栗仁太大的话）。

2.

将面粉、水、盐、鲁邦硬种和揉碎的鲜酵母倒入和面桶中，和面机调至1挡，和面4分钟（第32页），再调至中速挡，和面6分钟。当面团从和面桶内壁掉落到桶底，说明和面成功（如选择手工和面，参见第30—31页）。烤炉预热至180℃。将黄油板栗仁和蜂蜜倒入面团中，持续搅拌直至与面团充分混合。

3.

将面团倒入搅拌碗中，盖上保鲜膜，在常温下一次发酵45分钟。

4.

用切面刀将面团等分为2个300克的小面团，分别揉圆（静置松弛前的预备步骤，见第38页），静置20分钟。完成后，将面团整成圆形（第42页），放在烘焙纸上，有接缝线的一面朝下。用茶巾盖住面团，于温暖处静置1.5小时（二次发酵，环境温度以25℃—28℃为宜）。

5.

将空烤盘放入烤炉中，然后将烤炉预热至260℃（传统烤炉）。取出预热好的烤盘，将面团与烘焙纸一同放在烤盘上。在面团表面筛一些面粉，用割包刀在面团上割出菱形（第51页，波尔卡面包）。

6.

向烤炉炉底喷些水。将面团入炉烘烤30分钟。

玉米面包

基础知识

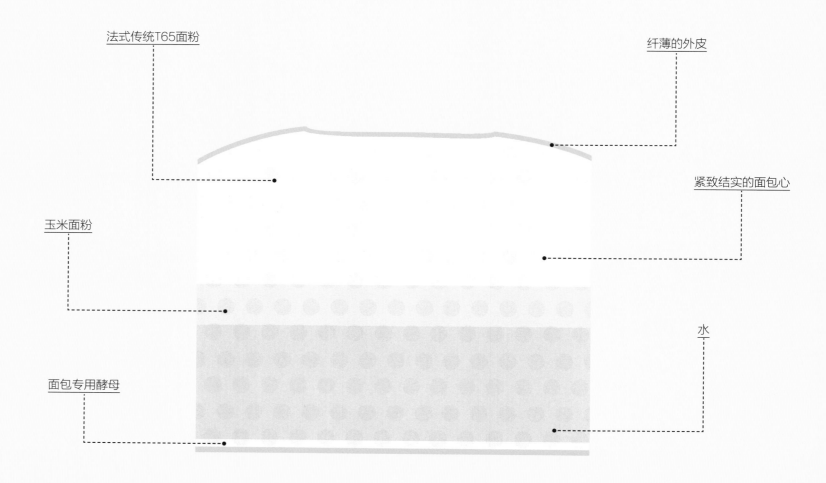

法式传统T65面粉

纤薄的外皮

玉米面粉

紧致结实的面包心

面包专用酵母

水

定义

玉米面包是一种由法式传统面粉和玉米面粉制成的短棍面包。

玉米面包的特征

重量：250克。
长度： 20厘米。
内部结构：紧致结实。
表皮：纤薄。
口感：微甜。

制作时长

准备时长：30分钟。
发酵时长：2小时5分钟（一次发酵30分钟，静置松弛20分钟，二次发酵1小时15分钟）。
烘烤时间：25分钟。

所需器具

带有搅拌钩的和面机（可选）。
切面刀。
割包刀。

所需技巧

和面（第30—33页）。
揉圆（第38页）。
传统法式面包割包（第51页）。

制作诀窍

二次发酵结束后，用手指轻轻按压面团，如果不留任何痕迹，则证明发酵成功。

如何判断玉米面包是否烤好了

如果面包表皮呈金黄色，敲打顶部时发出空洞的声响，就说明面包烤好了。

保质期

2—3天。

制作流程

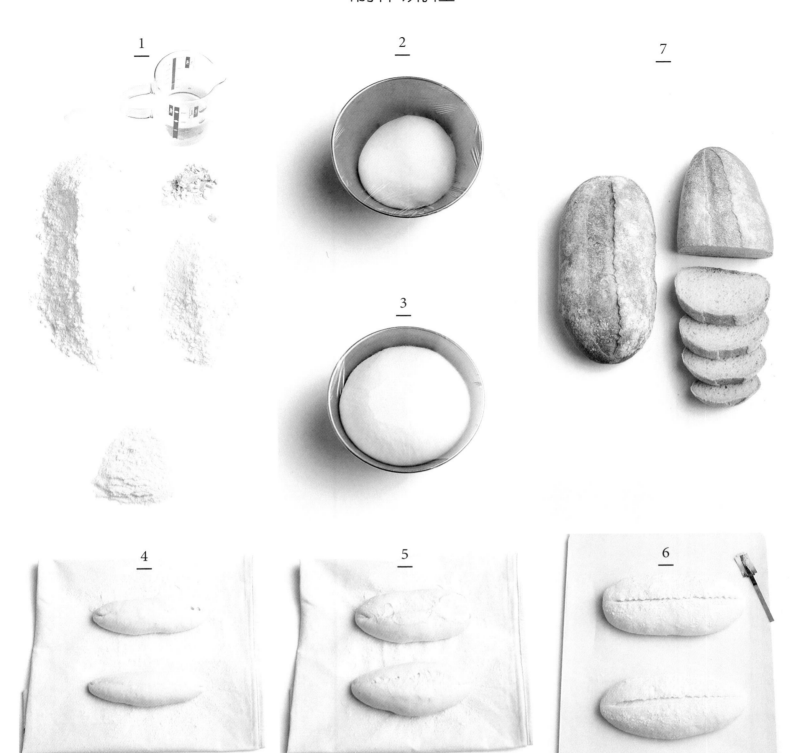

如何制作2条玉米面包

制作面团的原材料

法式传统T65面粉　285克
玉米面粉　70克
20℃—25℃的水　225克
面包专用鲜酵母　11克
盐　8克

装饰面团的原材料

玉米面粉　15克

1.
将玉米面粉、法式传统T65面粉、水、盐和揉碎的鲜酵母倒入和面桶中，和面机调至1挡，和面4分钟（第32页），再调至中速挡，和面6分钟。当面团从和面桶内壁掉落到桶底，说明和面成功（如选择手工和面，参见第30—31页）。

2、3.
将面团倒入搅拌碗中，用保鲜膜封口，在常温下一次发酵30分钟。

4.
用切面刀将面团等分为2个300克的小面团，分别揉圆（静置松弛前的预备步骤，见第38页）。之后，将面团放在撒有少许面粉的操作台上，用干净的茶巾盖住，静置松弛20分钟。

5.
将面团整形成短棍状（第45页），放在撒有少许玉米面粉的发酵布上，有接缝线的一面朝上。用另一块发酵布盖住面团，静置1小时15分钟（二次发酵，环境温度以25℃—28℃为宜）。

6.
将空烤盘和一碗水放入烤炉中，烤炉预热至260℃（传统烤炉）。取出预热好的烤盘，将面团上下翻转后与烘焙纸一同放在烤盘上（有接缝线的一面朝下）。沿面团中轴线自上而下割一道切口（第51页）。

7.
向烤炉炉底喷些水。将面团入炉烘烤25分钟（烘烤过程中，请勿将此前放入的那碗水取出）。

无麸质面包

基础知识

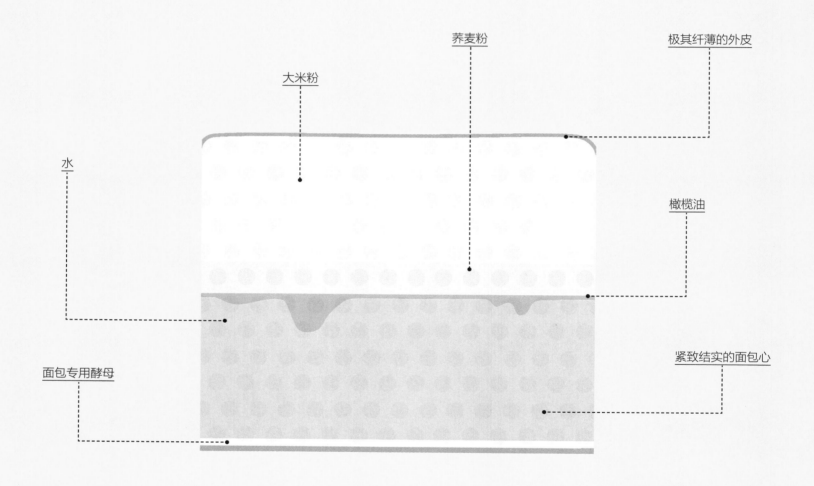

荞麦粉

极其纤薄的外皮

大米粉

水

橄榄油

面包专用酵母

紧致结实的面包心

定义

无麸质面包是一种由大米粉和荞麦粉制成的面包（荞麦粉只需发酵一次，且和面过程中需要加入大量的水）。

无麸质面包的特征

重量：300克。
长度：15—20厘米（视模具的长度而定）。
内部结构：紧致结实。
表皮：柔软，极其纤薄。
口感：自然均衡。

制作时长

准备时长：15分钟。
发酵时长：1.5小时（即二次发酵时间）。

烘烤时间：45分钟。

所需器具

带有搅拌桨的和面机，或硅胶刮刀。
500毫升容积的蛋糕模具。

所需技巧

和面（第30—33页）。

保存方法

密封保存2—3天。

制作诀窍

发酵结束后，用手指轻轻按压面团，如果不留任何痕迹，则证明发酵成功。

如何判断无麸质面包是否烤好了

如果面包表皮金黄酥脆，敲打顶部时发出空洞的声响，就说明面包烤好了。

为什么制作无麸质面包需要加入大量的水？

与含麸质的面粉相比，无麸质面粉中的淀粉含量更高，而淀粉需要大量的水才能够在烘烤过程中充分膨胀并形成胶质。因此，为了面包能够成形，需要在和面时加入大量的水。

制作流程

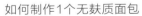

如何制作1个无麸质面包

制作面团的原材料

大米粉　260克

荞麦粉　60克

水　300克

面包专用酵母　6克

盐　5克

橄榄油　10克

用于涂抹模具内壁

软化的黄油　15克

1、2.
将大米粉、荞麦粉、水、盐、揉碎的鲜酵母和橄榄油倒入和面桶中，和面机调至1挡，和面5分钟。

3.
用毛刷蘸些软化的黄油，涂抹蛋糕模具内壁，将面团倒入模具中。

4.
用茶巾盖住面团，常温下静置1小时15分钟以便二次发酵。

5.
将空烤盘放入烤炉中，烤炉预热至220℃（对流式烤箱）。将蛋糕模具放在预热好的烤盘上，烘烤45分钟。

黑啤面包

基础知识

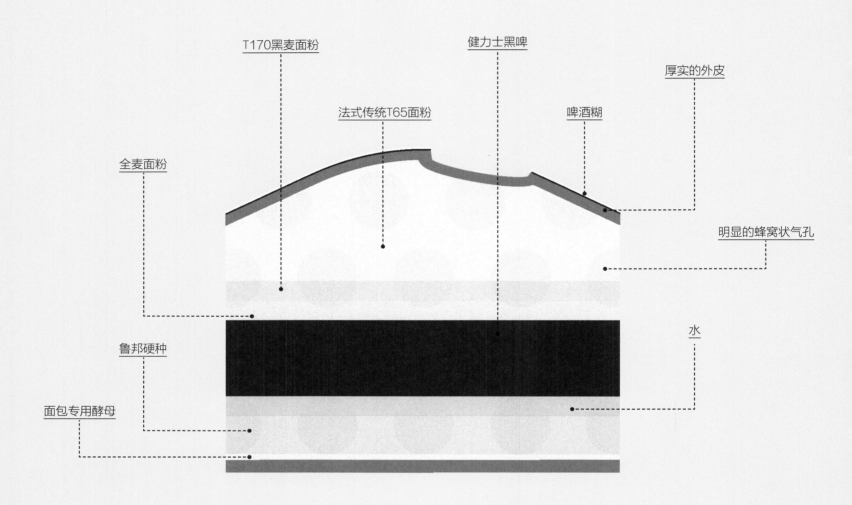

T170黑麦面粉

法式传统T65面粉

健力士黑啤

厚实的外皮

啤酒糊

全麦面粉

明显的蜂窝状气孔

鲁邦硬种

水

面包专用酵母

定义

黑啤面包是一种由法式传统面粉（一种不含任何添加物的小麦粉）、黑麦面粉、全麦面粉、黑啤和啤酒糊（涂抹于面团表面，在高温的作用下会产生碎纹）制成的三角形面包。

黑啤面包的特征

重量：300克。
长度：约15厘米。
内部结构：非常丰富的蜂窝状气孔，松散。
表皮：厚实。
口感：麦芽芳香。

制作时长

准备时长：30分钟。
发酵时长：3小时（一次发酵1小时，静置松弛30分钟，二次发酵1.5小时）。
啤酒糊静置时间：1.5小时。
烘烤时间：25—30分钟。

所需器具

带有搅拌钩的和面机（可选）。
抹刀或刮刀。

难点

如何制作啤酒糊：啤酒糊质地应非常顺滑，并均匀地涂抹在面团表面上，进而在烘焙的过程中形成漂亮的花纹。

所需技巧

和面（第30—33页）。
折叠（第37页）。

如何判断黑啤面包是否烤好了

面包表皮充分上色并形成裂纹，就说明烤好了。

保存方法

切开后可保存3天。

为什么黑啤面包外酥内软？

黑啤中的酸性物质抑制了面粉中麸质蛋白间网状结构的形成，因此所制成的面包外皮酥脆，内部有丰富的气孔。

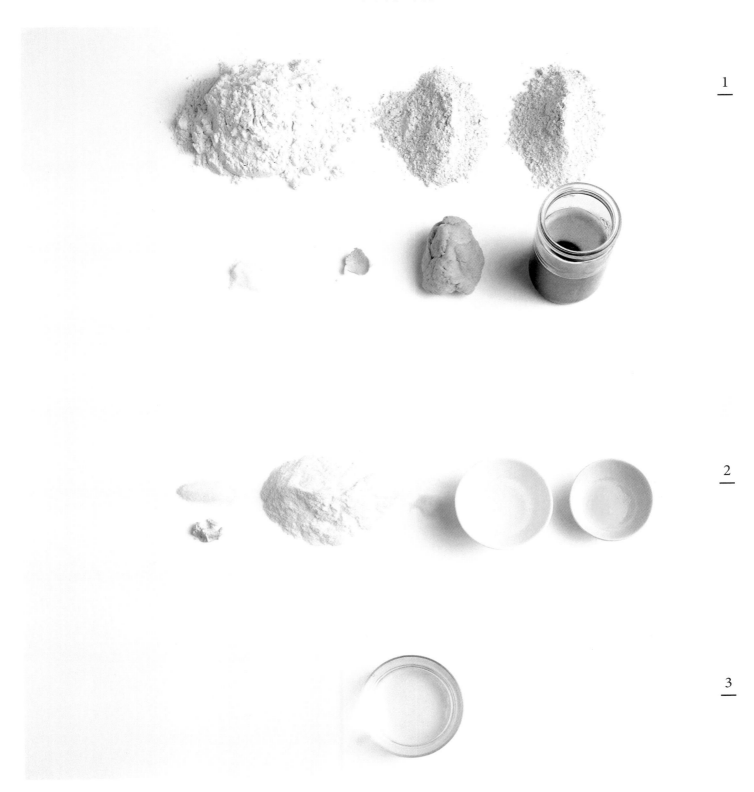

如何制作2个黑啤面包

1. 制作面团的原材料

法式传统T65面粉　200克
T170黑麦面粉　40克
T110全麦面粉　40克
健力士黑啤　180克
鲁邦硬种（第22页）　80克
面包专用鲜酵母　2克
盐　6克

2. 制作啤酒糊的原材料

大米粉　30克
黄油　5克
细砂糖　5克
面包专用鲜酵母　1克
盐　1克
水　10克

3. 用于分次加水的原材料

水　40克

用于面团表面筛粉

T65精制面粉　15克

制作流程

1	2	3
4	5	6
7	8	9

1.

将所有面粉、健力士黑啤、盐、鲁邦液种和揉碎的鲜酵母倒入和面桶中，和面机调至1挡，和面4分钟（第32页），再调至中速挡，和面6分钟（如选择手工和面，参见第30—31页）。

2.

和面结束后，向面团中加入适量的水以调整黏度（即第一次分次加水，见第282页）。继续和面直至水完全溶入面团之中。将面团取出，放入搅拌碗中，用干净的茶巾盖住，一次发酵30分钟。

3.

对面团进行折叠（第37页）。

4.

将面团重新放回搅拌碗中，用干净的茶巾盖住，在常温下继续一次发酵30分钟。

5.

用手将面团整形成三角形。

6.

将面团放在烘焙纸上，有接缝线的一面朝下。

7.

用茶巾盖住面团，于温暖处静置1.5小时（二次发酵，环境温度以25℃—28℃为宜）。制作啤酒糊：将揉碎的鲜酵母倒入水中搅拌，将用于制作啤酒糊的剩余原材料全部倒入搅拌碗中，持续搅拌直至啤酒糊质地均匀。静置1.5小时。

8.

将空烤盘放入烤炉中，烤炉预热至260℃（传统烤炉）。用抹刀或刮刀均匀地将啤酒糊涂抹在面团表面。

9.

取出预热好的烤盘，将面团与烘焙纸一同放在烤盘上，在面团表面筛少许面粉。向烤炉炉底喷些水。将面团入炉烘烤25分钟。

杂粮面包

基础知识

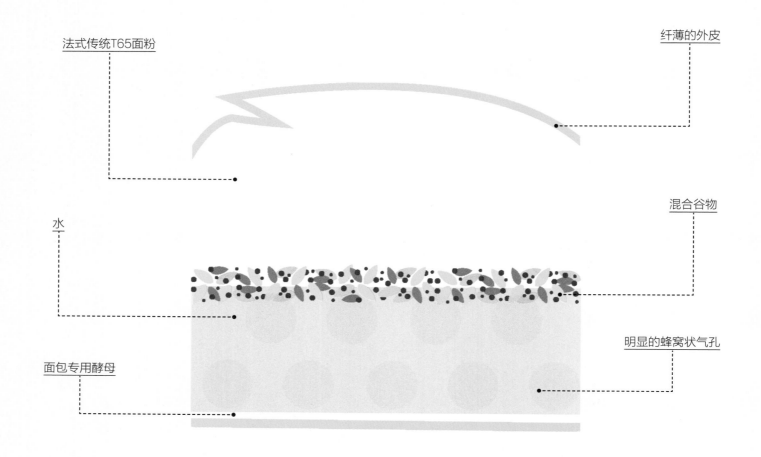

法式传统T65面粉

纤薄的外皮

水

混合谷物

面包专用酵母

明显的蜂窝状气孔

定义

杂粮面包是一种掺杂了多种谷物的花冠形白面包。

杂粮面包的特征

重量：150克。
长度：直径18厘米。
内部结构：蜂窝状气孔，松散。
表皮：纤薄。
口感：均衡，充满谷物的香气。

所需器具

带有搅拌钩的和面机（可选）。
切面刀。
割包刀。

制作时长

准备时长：30分钟。
发酵时长：3.5小时（一次发酵1小时，静置30分钟，二次发酵2小时）。
烘烤时间：20分钟。

难点

如何整形成花冠状。

所需技巧

和面（第30—33页）。
揉圆（第38页）。
整形成花冠状（第46页）。
剪出麦穗形状（第51页）。

如何判断杂粮面包是否烤好了

如果面包表皮金黄，且敲击顶部时发出空洞的声响，就说明烤好了。

保质期

2—3天。

为什么面团在整形成花冠状的过程中需静置一段时间？

静置使面团得以休息，麸质蛋白间的网状结构会更柔软。面团整形成花冠状后才能足够稳固，不会在烘烤过程中变形。

如何制作2个杂粮面包

1. 制作面团的原材料

法式传统T65面粉　220克
20℃—25℃的清水　145克
面包专用鲜酵母　4克
盐　4克

2. 制作混合谷物的原材料

混合谷物（芝麻、亚麻籽、黍）　30克
水　30克

用于表面筛粉

T65精制面粉　15克

制作流程

前一晚

烤炉预热至180℃，放入事先混合好的谷物和榛子仁，烘烤10—15分钟。完成后，将谷物和榛子仁取出，冷却后倒入搅拌碗中，加入适量的水。常温静置保存。

制作当天

1.

将面粉、水、盐和揉碎的鲜酵母倒入和面桶中，和面机调至1挡，和面4分钟（第32页），再调至中速挡，和面6分钟。当面团从和面桶内壁掉落到桶底，说明和面成功（如选择手工和面，参见第30—31页）。

倒入准备好的混合谷物，继续以1挡的速度和面，直至谷物均匀地分布在面团中。将面团取出，放入搅拌碗中，用保鲜膜封口，在常温下一次发酵1小时。

用切面刀将面团等分为2个200克的小面团。分别揉圆（静置松弛前的预备步骤，见第38页）。将面团放在撒有少许面粉的操作台上，用干净的茶巾盖住，静置30分钟。

2.

将面团整形成花冠状（第46页），操作手法如下：食指蘸些面粉，在面团的中心处戳一个洞。

3.

将左右手的食指都放入洞中，边旋转边由内向外慢慢将这个洞撑大。当面团的韧性达到极限，洞的直径不能再扩大时，将面团静置5分钟，之后再重复上述动作将洞扩大，直至圆环内径达到10厘米。

4.

烤盘铺上烘焙纸，将面团放在烘焙纸上（有接缝线的一面朝下），用干净的茶巾盖住，静置2小时（二次发酵，环境温度以25℃—28℃为宜）。

5.

在面团表面筛些面粉。

6.

将一碗水放入烤炉中，将烤炉预热至260℃（传统烤炉）。将面团剪出麦穗形状（第51页），操作方法如下：将剪刀倾斜45°，顺着面团自身的弧度将面圈外侧剪出开口，再轻轻地将切口往外翻。

向烤炉炉底喷些水。面团入炉烘烤20分钟（烘烤过程中，请勿将此前放入的那碗水取出）。

核桃面包

基础知识

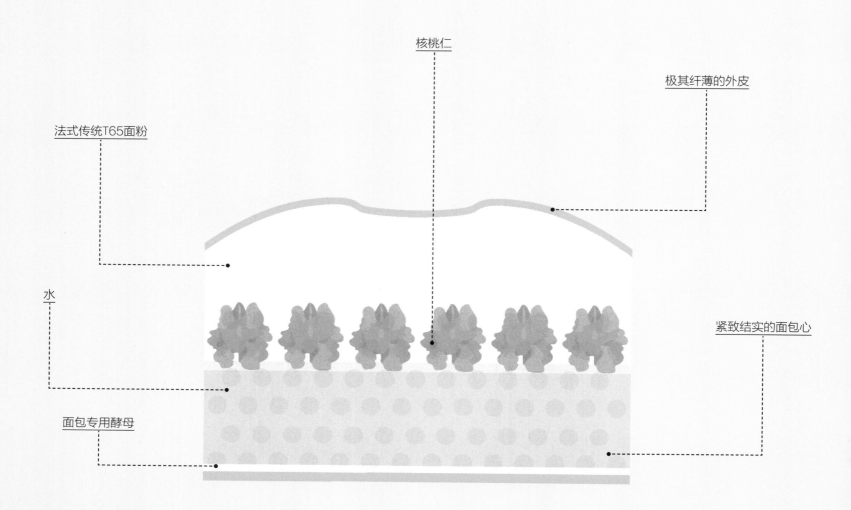

核桃仁

极其纤薄的外皮

法式传统T65面粉

紧致结实的面包心

水

面包专用酵母

定义

核桃面包是一种含有大量核桃果仁的圆形面包。

核桃面包的特征

重量：550克。
长度：直径15厘米。
内部结构：紧致结实。
表皮：细腻，有弹性。

制作时长

准备时长：45分钟。
发酵时长：3小时（一次发酵1小时，静置松弛30分钟，二次发酵1.5小时）。
烘烤时间：20—25分钟。

所需器具

带有搅拌钩的和面机（可选）。
切面刀。

核桃仁的潜在替代品

榛子仁。
葡萄干。

所需技巧

和面（第30—33页）。
整成圆形（第42页）。
十字割纹（第51页）。

如何判断核桃面包是否烤好了

如果敲打顶部时发出空洞的声响，就说明面包烤好了。

保存方法

密封保存2天。

制作流程

1

2

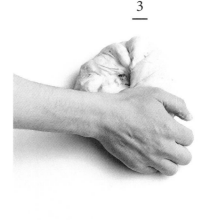
3

4

6

5

如何制作1个核桃面包

制作500克面团的原材料

法式传统T65面粉　270克
鲁邦液种（第20页）　30克
面包专用鲜酵母　3克
20℃—25℃的清水　190克
盐　5克

制作馅料的原材料

核桃仁　100克

1.
将法式传统T65面粉、水、盐、鲁邦液种和揉碎的鲜酵母倒入和面桶中，和面机调至1挡，和面4分钟（第32页），再调至中速挡，和面6分钟。当面团从和面桶内壁掉落到桶底，说明和面成功（如选择手工和面，参见第30—31页）。

2.
将核桃仁轻轻碾碎，然后倒入和面桶中，继续以1挡的速度进行搅拌，直至核桃仁均匀地分布在面团中。

将面团取出放入搅拌碗中，用保鲜膜封口，静置1小时（环境温度以25℃—28℃为宜）。静置30分钟后，应对面团做一次折叠（第37页）。

3.
将面团放在撒有少许面粉的操作台上，然后揉圆（静置松弛前的预备步骤，见第38页）。用茶巾盖住面团，静置松弛30分钟（环境温度以25℃—28℃为宜）。

4.
将面团整成圆形（第42页）。

5.
用茶巾盖住面团，静置1.5小时（二次发酵，环境温度以25℃—28℃为宜）。

将空烤盘和一碗水放入烤炉中，然后将烤炉预热至240℃。取出预热好的烤盘，将面团与烘焙纸一同放在烤盘上（有接缝线的一面朝下）。用割包刀在面团上划出十字花纹（第51页）。

6.
向烤炉炉底喷些水。面团入炉烘烤20—25分钟（烘烤过程中，请勿将此前放入的那碗水取出）。

巧克力面包

基础知识

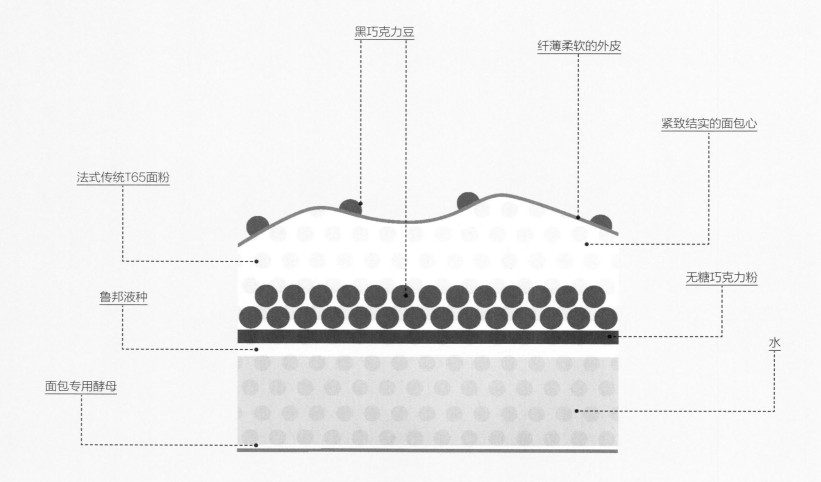

黑巧克力豆

纤薄柔软的外皮

紧致结实的面包心

法式传统T65面粉

无糖巧克力粉

鲁邦液种

水

面包专用酵母

定义

巧克力面包是一种含有无糖巧克力粉和黑巧克力豆的短棍面包。

巧克力面包的特征

重量：150克。
长度：12厘米。
内部结构：紧致结实。
表皮：纤薄、柔软。

所需器具

带有搅拌钩的和面机（可选）。
切面刀。

制作时长

准备时长：45分钟。
发酵时长：3.5—4小时（一次发酵2小时，静置松弛30分钟，二次发酵1—1.5小时）。
烘烤时间：15分钟。

难点

正确放入巧克力豆：巧克力豆与面团充分混合后，立刻停止搅拌，以免使巧克力豆融化。

所需技巧

和面（第30—33页）。
折叠（第37页）。
揉圆（第38页）。
整形成短棍状（第45页）。
传统法式面包割包（第51页）。

如何判断巧克力面包是否制作成功？

当面包表皮开始变硬，便说明烤好了。

保质期

3—4天。

分次加水的作用

加入巧克力粉后，面团会变硬，分次加水有助于使已经变硬的面团再度软化。应于每阶段和面后加入适量水，一次不要加得太多。

制作流程

1

2

3

如何制作3个巧克力面包

1. 制作面团的原材料

法式传统T65面粉　170克
20℃—25℃水　115克
鲁邦液种（第20页）　20克
盐　4克
面包专用鲜酵母　2克

2. 制作馅料的原材料

细砂糖　10克
无糖巧克力粉　20克
水　15克
黑巧克力豆　70克

3. 分次加水的原材料

20℃—25℃的清水　15克

制作流程

1

2

3

4

5

1.
将法式传统T65面粉、水、盐、鲁邦液种和揉碎的鲜酵母倒入和面桶中，和面机调至1挡，和面4分钟（第32页），再调至中速挡，和面6分钟。当面团从和面桶内壁掉落到桶底，说明和面成功（如选择手工和面，参见第30—31页）。

2.
加入细砂糖、巧克力粉以及15克水。继续以1挡的速度和面，直至面团质地均匀。
加入适量的水（即第一次分次加水，见第282页），继续和面，直至面团将水充分吸收。

3.
倒入巧克力豆，继续以1挡的速度和面，直至巧克力豆与面团充分混合。
将面团取出，放入搅拌碗中，用保鲜膜封口，静置30分钟（一次发酵，环境温度以25℃—28℃为宜）。之后，对面团进行一次折叠（第37页）。将面团重新放回搅拌碗中，用保鲜膜封口，继续静置30分钟（一次

发酵，环境温度以25℃—28℃为宜）。
对面团进行第二次折叠。之后，将面团重新放回搅拌碗中，用保鲜膜封口，继续静置1小时（一次发酵，环境温度以25℃—28℃为宜）。

4.
用切面刀将面团等分成3个150克的小面团，放在撒有少许面粉的操作台上，分别揉圆（松弛前的预备步骤，见第38页）。
用茶巾盖住面团，静置30分钟（环境温度以25℃—28℃为宜）。
将面团整形成短棍状（第45页）。

5.
将面团放在烘焙纸上（有接缝线的一面朝下），用干净的茶巾盖住，继续静置1—1.5小时（二次发酵，环境温度以25℃—28℃为宜）。

将空烤盘和一碗水放入烤炉中，然后将烤炉预热至240℃（传统烤炉）。取出预热好的烤盘，将面团和烘焙纸一同放在烤盘上，开始割包（第51页，传统法式面包）。
向烤炉炉底喷些水。面团入炉烘烤15分钟（烘烤过程中，请勿将此前放入的那碗水取出）。

榛子无花果小面包

基础知识

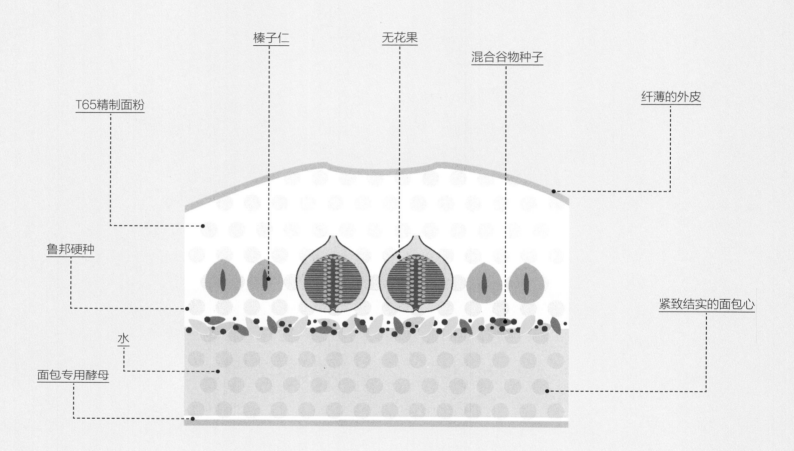

榛子仁　　　无花果　　　混合谷物种子

T65精制面粉

纤薄的外皮

鲁邦硬种

紧致结实的面包心

水

面包专用酵母

定义

榛子无花果小面包是一种由T65精制面粉、鲁邦硬种、熟谷物、无花果和榛子仁制作而成的圆形小面包。

榛子无花果小面包的特征

重量：75克。
长度：直径10厘米。
内部结构：紧致结实。
表皮：纤薄。

制作时长

准备时长：25分钟。
发酵时长：3—3.5小时（一次发酵1小时，静置松弛30分钟，二次发酵1.5—2小时）。
烘烤时间：15分钟。

所需器具

带有搅拌钩的和面机（可选）。
切面刀。
割包刀。

所需技巧

和面（第30—33页）。
整成圆形（第42页）。
折叠（第37页）。
十字割纹（第51页）。

制作诀窍

如果水分未被谷物完全吸收，请在使用前滤掉多余的水分。

如何判断榛子无花果小面包是否烤好了

面包表皮呈金黄色，且敲击顶部时发出空洞的声响，就说明烤好了。

保质期

3天。

制作流程

如何制作6个榛子无花果小面包

制作面团的原材料

T65精制面粉　190克
水　130克
鲁邦硬种（第22页）　60克
面包专用鲜酵母　2克
盐　4克

制作馅料的原材料

混合谷物（芝麻、黄亚麻籽、棕亚麻籽和黍等）
30克
榛子仁　15克
无花果　15克
水　30克

前一晚

烤炉温度设定为180℃，放入预先混合好的谷物和榛子仁，烘烤10分钟。烤好后，将谷物取出冷却。将冷却后的谷物倒入搅拌碗中，再加入适量的水。常温静置保存。

制作当天

1.
将面粉、水、盐、鲁邦硬种和揉碎的鲜酵母倒入和面桶中，和面机调至1挡，和面4分钟（第32页），再调至中速挡，和面6分钟。当面团从和面桶内壁掉落到桶底，说明和面成功。

2.
将无花果切成4等份，连同榛子仁与混合谷物一起倒入和面桶中，继续以1挡的速度和面，直至谷物均匀地分布在面团中。

3.
将面团取出，放在搅拌碗中，用保鲜膜封住，常温下一次发酵30分钟。之后，将面团进行折叠（第37

页），再将折叠好的面团重新放回搅拌碗中，用保鲜膜封住，继续在常温下一次发酵30分钟。

4.
用切面刀将面团等分为6个75克的小面团，分别揉圆（松弛前的预备步骤，见第38页）。将面团放在撒有少许面粉的操作台上，用干净的茶巾盖住，静置松弛30分钟。
将面团整成圆形（第42页），放在烘焙纸上（有接缝线的一面朝下），然后用干净的茶巾盖住，继续静置1.5℃—2小时（二次发酵，环境温度以25—28℃为宜）。

5、6.
在面团表面划出十字花纹（第51页）。将空烤盘和一碗水放入烤炉中，然后将烤炉预热至240℃（传统烤炉）。取出预热好的烤盘，将面团和烘焙纸一同放在烤盘上。向烤炉炉底喷些水。将面团入炉烘烤15分钟（烘烤过程中，请勿将此前放入的那碗水取出）。

什锦麦片小面包

基础知识

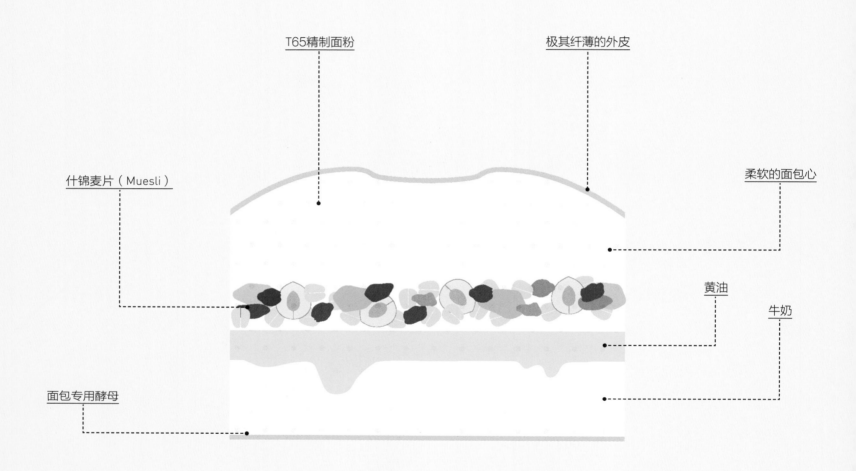

T65精制面粉

极其纤薄的外皮

什锦麦片（Muesli）

柔软的面包心

黄油

牛奶

面包专用酵母

定义

什锦麦片小面包是一种以维也纳面包为基础，含有大量什锦麦片的圆形小面包。

什锦麦片小面包的特征

重量：80克。
长度：直径10厘米。
内部结构：柔软且湿润。
表皮：极其纤薄、柔软。

制作时长

准备时长：30分钟。
发酵时长：8小时（一次发酵30分钟，冷藏发酵5小时，常温静置松弛30分钟，二次发酵2小时）。
烘烤时间：15分钟。

所需器具

带有搅拌钩的和面机（可选）。
切面刀。
小漏勺。
毛刷。

所需技巧

和面（第30—33页）。
折叠（第37页）。
整成圆形（第42页）。
涂抹蛋液（第48页）。
菱形割纹（第51页）。

制作诀窍

请使用含有整粒燕麦片（rolled oats）*的什锦麦片。
请不要使用新鲜水果，因为新鲜水果所含的水分太多。

如何判断什锦麦片小面包是否烤好了

面包表皮充分上色，呈金黄色，就说明烤好了。

保质期

最多1—2天。

---

*整粒燕麦片是经蒸煮、碾轧和干燥制成的快熟燕麦片，颗粒较厚，口感扎实。

制作流程

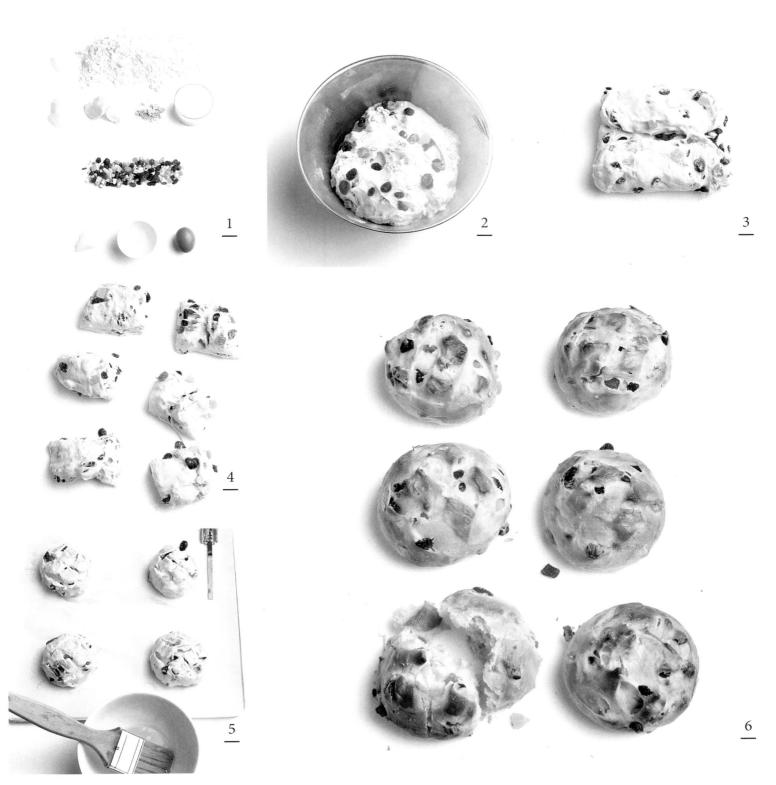

1

2

3

4

5

6

如何制作6个什锦麦片小面包

制作面团的原材料

T65精制面粉　240克
牛奶　150克
盐　5克
面包专用鲜酵母　5克
细砂糖　20克
黄油　40克

制作馅料的原材料

什锦麦片（含有整粒燕麦片、榛子仁、葡萄干以及其他水果干）　60克

制作蛋液的原材料

鸡蛋　1枚
牛奶　3克
盐　一小撮

1.
制作面团（第60页）。
将什锦麦片倒入面团中，慢慢搅拌直至什锦麦片与面团充分混合。

2.
将面团放入搅拌碗中，用保鲜膜封口，一次发酵30分钟。

3.
对面团进行折叠（第37页），然后用食品级保鲜膜裹好（第285页），放入搅拌碗中，放入冰箱冷藏5小时。

4.
用切面刀将面团等分为6个80克的小面团，分别揉圆（松弛前的预备步骤，见第38页）。将面团放在撒有少许面粉的操作台上，用干净的茶巾盖住，静置30分钟。
将面团整成圆形（第42页），放在烘焙纸上，有接缝线的一面朝下。

5.
涂抹蛋液（第48页）。之后，在面团表皮上划出菱形花纹（第51页）。用茶巾盖住面团，静置2小时（二次发酵，环境温度以25℃—28℃为宜）。

6.
将空烤盘放入烤炉中，将烤炉预热至200℃。取出预热好的烤盘，将面团与烘焙纸一同放在烤盘上。将面团入炉烘烤15分钟（如有必要，可在入炉前再刷一次蛋液）。

奶酪面包

基础知识

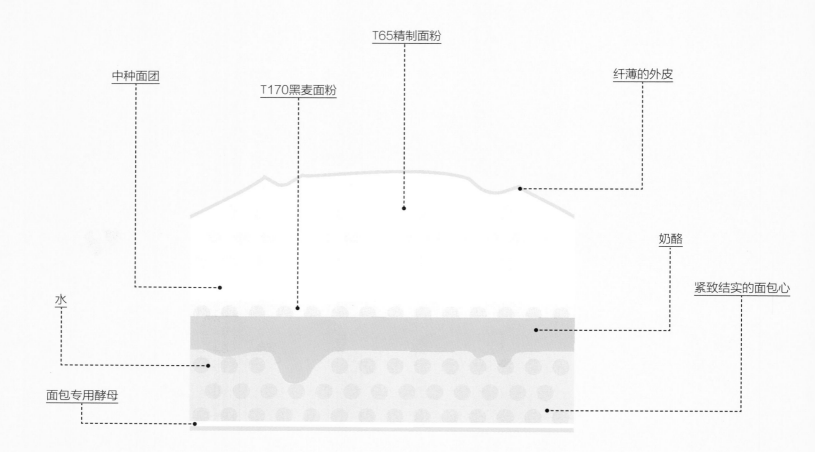

中种面团

T170黑麦面粉

T65精制面粉

纤薄的外皮

奶酪

紧致结实的面包心

水

面包专用酵母

定义

奶酪面包是一种由T65精制面粉、黑麦面粉和奶酪制成的短棍面包。

奶酪面包的特征

重量：200克。
长度：15厘米。
内部结构：紧致结实。
表皮：纤薄。

制作时长

准备时长：30分钟。
发酵时长：2.5小时（一次发酵1小时，静置30分钟，二次发酵1小时）。
烘烤时间：20—25分钟。

所需器具

带有搅拌钩的和面机（可选）。
切面刀。
割包刀。

难点

掌握烘烤时间：在确保烤熟的同时，面包心应保持湿润。

所需技巧

和面（第30—33页）。
揉圆（第38页）。
整形成短棍状（第45页）。
割包（斜纹割包技巧，第51页）。

制作诀窍

二次发酵结束后，用手指轻轻按压面团而不留任何痕迹的话，则证明发酵成功。

如何判断奶酪面包是否烤好了

如果面包表皮呈金黄色，且敲击顶部时发出空洞的声响，就说明烤好了。

保质期

2—3天。

制作流程

1

2

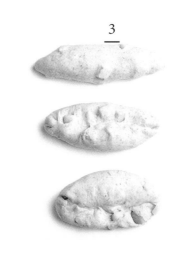

3

4

5

6

如何制作3个奶酪面包

制作面团的原材料

中种面团（第54页）　60克

T65精制面粉　250克

T170黑麦面粉　30克

20℃—25℃的清水　200克

面包专用鲜酵母　3克

盐　5克

制作馅料的原材料

孔泰奶酪或冈塔尔奶酪　120克

装饰面团的原材料

T65精制面粉　15克

1.

将T65精制面粉、T170黑麦面粉、水、揉碎的鲜酵母、中种面团和碾碎的核桃仁倒入和面桶中，和面机调至1挡，和面4分钟（第32页），再调至中速挡，和面6分钟。当面团从和面桶内壁掉落到桶底，说明和面成功（如选择手工和面，参见第30—31页）。

将奶酪切成边长为1厘米的小正方形，加入和面桶中，继续搅拌直至奶酪均匀地分布在面团中。

将面团放入搅拌碗中。

2.

用茶巾盖住面团，于温暖处一次发酵1小时（环境温度以25℃—28℃为宜）。

3.

用切面刀将面团等分为3个200克的小面团，分别揉圆（松弛前的预备步骤，见第38页）。将面团放在撒有少许面粉的操作台上，用干净的茶巾盖

住，静置松弛30分钟。

4.

将面团整形成短棍状（第45页）。

将面团放在烘焙纸上，有接缝线的一面朝下。用茶巾盖住面团，于温暖处静置1小时（二次发酵，环境温度以25℃—28℃为宜）。

5、6.

将空烤盘和一碗水放入烤炉中，然后将烤炉预热至250℃（传统烤炉）。取出预热好的烤盘，将面团与烘焙纸一同放在烤盘上。采用斜纹割包手法开始割包（第51页）。向烤炉炉底喷些水。将面团入炉烘烤20—25分钟（烘烤过程中，请勿将此前放入的那碗水取出）。

意式长条面包

基础知识

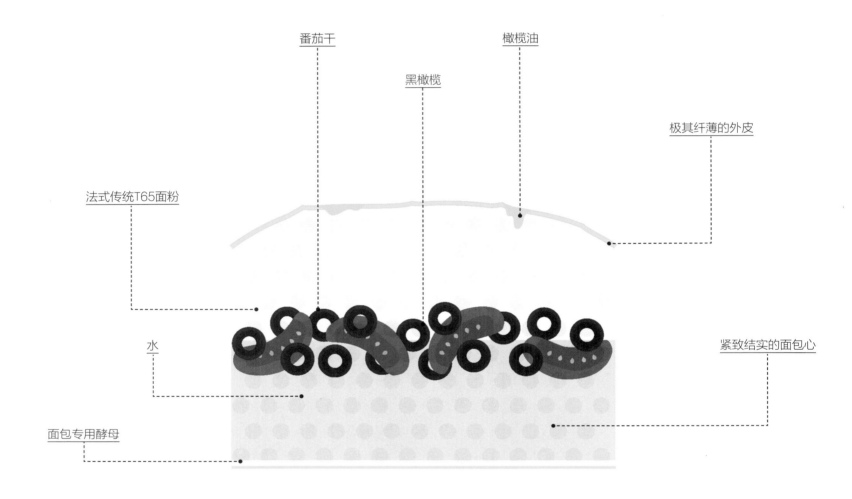

番茄干

黑橄榄

橄榄油

极其纤薄的外皮

法式传统T65面粉

水

紧致结实的面包心

面包专用酵母

定义

意式长条面包是一种由黑橄榄、番茄干和普罗旺斯香草制成的长条形面包。

意式小面包的特征

重量：85克。
长度：20厘米。
内部结构：紧致结实。
表皮：极其纤薄、柔软。

制作时长

准备时长：25分钟。
发酵时长：3.5小时（一次发酵1.5小时，静置松弛30分钟，二次发酵1.5小时）。
烘烤时间：10分钟。

所需器具

带有搅拌钩的和面机（可选）。
切面刀。
割包刀。
毛刷。

所需技巧

和面（第30—33页）。
折叠（第37页）。
整形成长条状（第44页）。

如何判断意式小面包是否烤好了

当面包表皮开始变硬，就说明烤好了。

保质期

1天。

制作流程

1

2

3

5

6

4

如何制作6条意式长条面包

制作410克面团的原材料

法式传统T65面粉　245克
水　160克
面包专用鲜酵母　4克
盐　4克

制作馅料的原材料

去核黑橄榄　60克
番茄干　40克
普罗旺斯香草　一小撮
橄榄油，用于涂抹表面

1、2.
用水清洗橄榄和番茄干，沥干水分。用面粉、水、鲜酵母和盐制作一个法式传统面团（第56页）。再将番茄干、橄榄和普罗旺斯香草倒入面团中，以1挡的速度进行搅拌，直至所有原材料与面团充分混合。

3.
将面团放入搅拌碗中，用保鲜膜封口，在常温下一次发酵30分钟。
对面团进行折叠（第37页）。将折叠后的面团重新放回搅拌碗中，用保鲜膜封口，在常温下一次发酵1小时。

4.
用切面刀将面团等分为6个重约85克的小面团，分别揉圆，再揉搓成条状（松弛前的预备步骤，见第38页）。

将面团放在撒有少许面粉的操作台上，用干净的茶巾盖住，静置30分钟。

5.
将面团整形成细长条状（第44页），放在烘焙纸上，有接缝线的一面朝下。用茶巾盖住面团，于温暖处静置1.5小时（二次发酵，环境温度以25℃—28℃为宜）。

6.
将空烤盘和一碗水放入烤炉中，将烤炉预热至240℃（传统烤炉）。取出预热好的烤盘，将面团与烘焙纸一同放在烤盘上。向烤炉炉底喷些水。将面团入炉烘烤10分钟（烘烤过程中，请勿将此前放入的那碗水取出）。
面包出炉后，用毛刷蘸些橄榄油刷在表面。

法式奶酪长条面包

基础知识

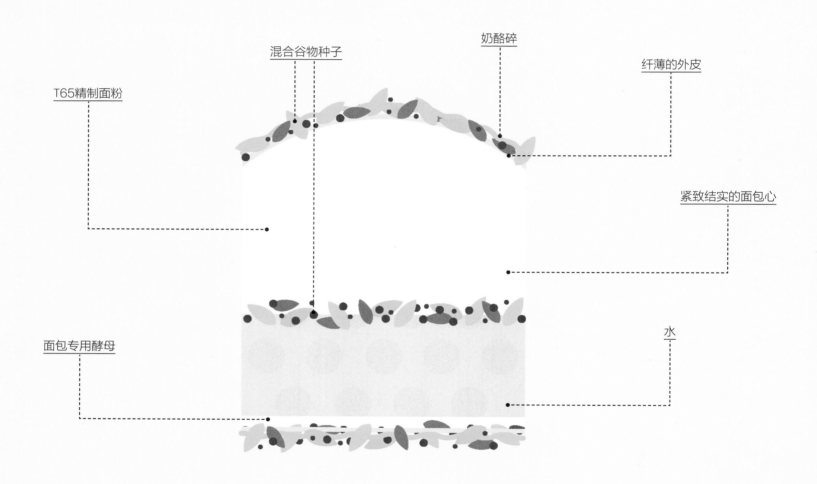

混合谷物种子

奶酪碎

纤薄的外皮

T65精制面粉

紧致结实的面包心

面包专用酵母

水

定义

法式奶酪长条面包是一种含有大量奶油，表面裹有奶酪碎、盐之花（fleur de sel）和混合谷物种子的细长条形面包。

奶酪长条面包的特征

重量：120克。
长度：25厘米。
内部结构：紧致结实。
表皮：纤薄。

制作时长

准备时长：持续2天，总计40分钟（每天需花费20分钟准备）。
发酵时长：1小时20分钟（一次发酵20分钟，二次发酵1小时）。
烘烤时间：15—20分钟。

所需器具

带有搅拌钩的和面机（可选）。
切面刀。
毛刷。

难点

面团表面均匀裹附奶酪碎和谷物种子。

所需技巧

和面（第30—33页）。
整形成长条状（第44页）。

如何判断奶酪长条面包是否烤好了

面包表面充分上色，呈金黄色，则说明烤好了。

制作流程

1

2

3

如何制作4条法式奶酪长条面包

1. 制作中种面团的原材料

T65精制面粉　125克
水　65克
盐　2克
面包专用鲜酵母　1克

2. 制作长条面包的原材料

T65精制面粉　190克
水　40克
中种面团（第54页）　190克
淡奶油　100克
盐　4克
面包专用鲜酵母　3克
混合谷物（亚麻籽、芝麻等）　70克

3. 装饰面团的原材料

混合谷物（亚麻籽、芝麻等）　60克
奶酪碎　50克
盐之花　2克

制作流程

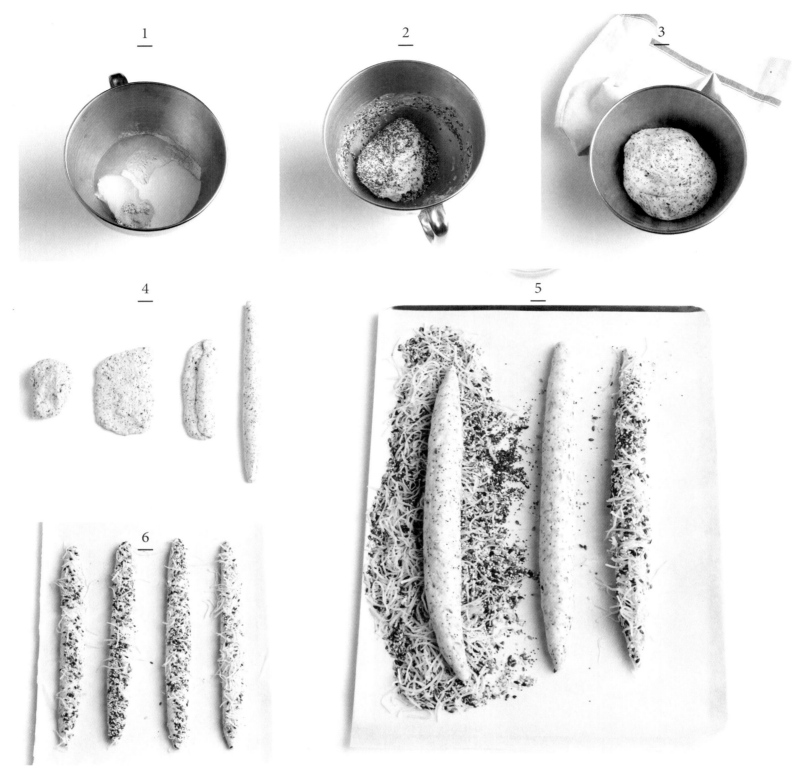

1

2

3

4

5

6

前一晚

制作中种面团（第54页），请注意，中种面团的静置时间不应少于24小时。

制作当天

1.

将面粉、水、中种面团、淡奶油、盐和揉碎的鲜酵母倒入和面桶中，和面机调至1挡，和面4分钟（第32页），再调至中速挡，和面6分钟（如选择手工和面，参见第30—31页）。

2.

将各类谷物倒入和面桶中，继续以1挡的速度进行搅拌，直至谷物均匀地分布在面团中。

3.

将面团取出，放入搅拌碗中，用干净的茶巾盖住，一次发酵20分钟。

4.

用切面刀将面团等分为4个145克的小面团，分别整形成长条状（第44页）。

5.

用毛刷蘸些水，均匀地涂抹在有接缝线的一面上。将面团放入盛有谷物、盐之花和奶酪碎的铁盘中，轻轻翻转以达到装饰效果。

6.

将装饰过后的面团放在烘焙纸上，有接缝线的一面朝上。用发酵布盖住面团，于温暖处静置1小时（二次发酵，环境温度以25℃—28℃为宜）。

将空烤盘和一碗水放入烤炉中，将烤炉预热至240℃（传统烤炉）。取出预热好的烤盘，将面团与烘焙纸一同放在烤盘上。向烤炉炉底喷些水。将面团入炉烘烤15—20分钟（烘烤过程中，请勿将此前放入的那碗水取出）。

惊喜面包

基础知识

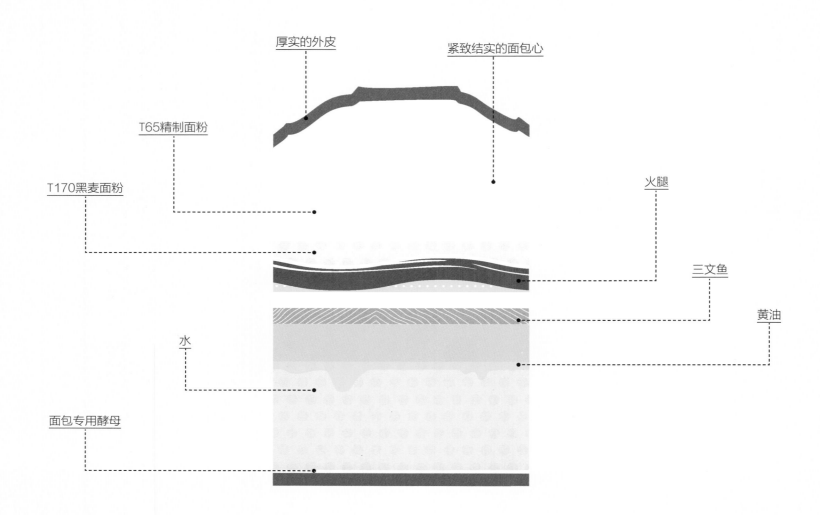

厚实的外皮   紧致结实的面包心

T65精制面粉

T170黑麦面粉

火腿

三文鱼

黄油

水

面包专用酵母

定义

惊喜面包是一种由T65精制面粉和黑麦粉制成的圆柱形夹馅面包。出炉后，面包心的部分会被取出，做成三明治后再填充回去。

惊喜面包的特征

高度：35厘米。
重量：2千克。
内部结构：紧致结实。
表皮：厚实。

制作时长

准备时长：40分钟。
发酵时长：2小时（一次发酵30分钟，二次发酵1.5小时）。

烘烤时间：1小时20分钟。

所需器具

带有搅拌钩的和面机（可选）。
筛网。
割包刀。
锯齿刀。
直径16厘米，高12厘米的圆柱形面包模具。
毛刷。

难点

顺利脱模。

所需技巧

和面（第30—33页）。
折叠（第37页）。
整成圆形（第42页）。
菱形割纹（第51页）。

制作诀窍

面团入炉烘烤30分钟后，应加盖锡纸或烘焙纸，以避免面包过度上色。

如何判断惊喜面包是否烤好了

面包外皮呈金黄色，割纹的"耳朵"充分展开，就说明烤好了。

保存方法

密封保存4—5天。

制作流程

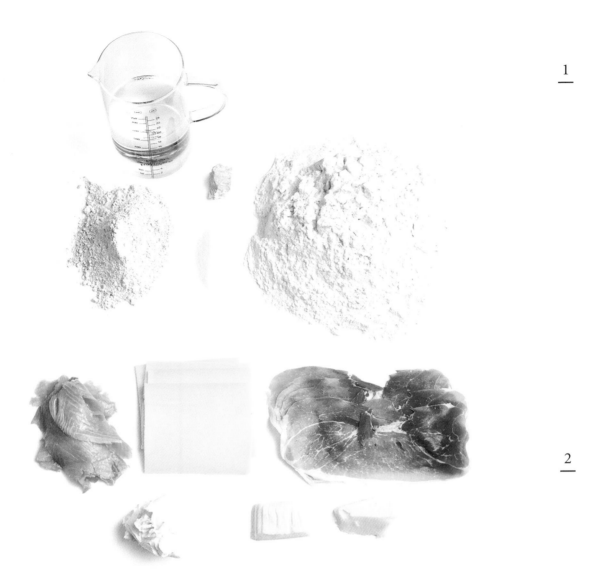

1

2

3-4

如何制作1个惊喜面包

1. 制作面团的原材料

T65精制面粉　725克
T170黑麦面粉　80克
冷水　525克
面包专用鲜酵母　12克
盐　15克

2. 制作馅料的原材料

软化的黄油　25克
软化的含盐黄油　25克
鲜奶酪　100克
巴约纳火腿　6片
烟熏三文鱼　4片
孔泰奶酪　150克

3. 筛滤面粉的原材料

T65精制面粉　20克

4. 涂抹面包模具的原材料

软化的黄油　40克

制作流程

1.

将T65精制面粉、黑麦面粉、水、盐和揉碎的鲜酵母倒入和面桶中，和面机调至1挡，和面4分钟（第32页），再调至中速挡，和面6分钟。当面团从和面桶内壁掉落到桶底，说明和面成功（如选择手工和面，参见第30—31页）。

2.

将面团放在撒有少许面粉的操作台上，用干净的茶巾盖住，在常温下静置30分钟：静置15分钟后，将面团进行折叠（第37页），之后再静置15分钟。

用毛刷蘸些软化的黄油，均匀地涂抹在模具内壁上。将面团整成圆形（第42页），放入模具中。

3.

用发酵布盖住模具，让面团静置1.5小时（二次发酵，环境温度以25℃—28℃为宜）。发好的面团应稍高过模具。

4.

将一碗水放入烤炉中，将烤炉预热至240℃（传统烤炉）。面团表面筛粉（第285页），然后用割包刀在面团表面割划菱形花纹（第51页，波尔卡面包）。

5.

向烤炉炉底喷些水，将面团入炉烘烤40分钟（烘烤过程中，请勿将此前放入的那碗水取出）。再将烤炉温度调至180℃，继续烘烤40分钟。烘烤的最后5—10分钟，将炉门打开。烤好的面包立即脱模，在常温下冷却。

6.

用锯齿刀切掉面包顶部隆起的部分，以及底部1厘米厚的部分。将刀垂直插入面包边缘1厘米处，按顺时针将面包的外皮完整切掉。面包外皮与顶部放置一旁待用。请注意，取出面包心时，切忌用力拉扯，以防破坏面包心的完整性。将手掌放在面包心顶端，轻轻按压，面包心会与外皮轻松分离。

7.

将面包心放倒，切成薄片：每片厚度应为5毫米左右，总计20片。

8.

任取4片面包，分别涂上黄油，再各放一片巴约纳火腿。另取3片面包，分别涂上含盐黄油，再各放一片孔泰奶酪片。另取3片面包，涂上鲜奶酪，再各放一片烟熏三文鱼。

9.

将剩余的10片面包片分别放在步骤8中的面包片上，制成"圆形三明治"。用刀将每份三明治切割成6等份。

将面包外皮放在餐盘上，然后将不同口味的三明治按照一定的顺序重新叠放入面包外皮内，最后，再将面包顶部盖上。

拖鞋面包

基础知识

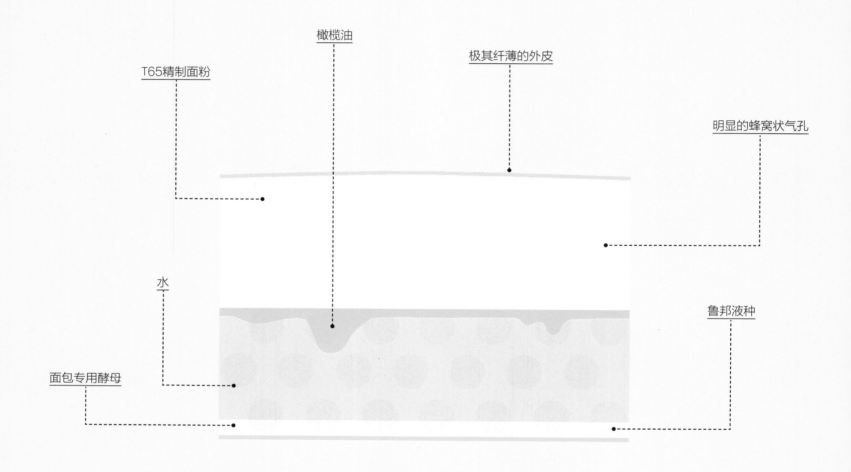

T65精制面粉

橄榄油

极其纤薄的外皮

明显的蜂窝状气孔

水

鲁邦液种

面包专用酵母

定义

拖鞋面包是一种由T65精制面粉、鲁邦液种和橄榄油制成的方形面包。

拖鞋面包的特征

重量：200克。
长度：15厘米。
内部结构：明显的蜂窝状气孔。
表皮：极其纤薄、柔软。
口感：极轻微的酸，橄榄油的香气。

拖鞋面包的制作时长

准备时长：30分钟。
发酵时长：3小时（一次发酵1小时，二次发酵2小时）。
烘烤时间：15分钟。

所需器具

带有搅拌钩的和面机（可选）。

所需技巧

和面（第30—33页）。
折叠（第37页）。
整形（第40—47页）。

保存方法

密封保存2天。

如何判断拖鞋面包是否烤好了

如果面包表皮呈浅金黄色，就说明烤好了。

制作流程

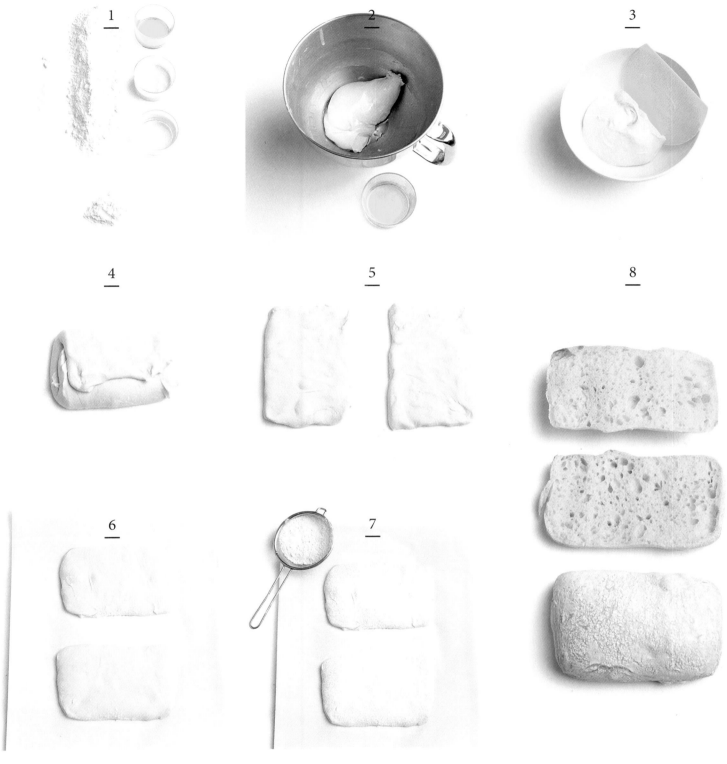

如何制作2个拖鞋面包

鲁邦液种面团所需的原材料

T65精制面粉　205克
水　145克
盐　4克
鲁邦液种（第20页）　25克
面包专用鲜酵母　1克
橄榄油　20克

不使用鲁邦液种的面团所需的原材料

T55面粉　220克
常温水　155克
盐　4克
面包专用鲜酵母　4克

橄榄油　18克

面团表面撒粉

面粉　10克

1、2.
将面粉、水、盐、鲁邦液种和揉碎的鲜酵母倒入和面桶中。
将和面机的和面速度调至1挡，和面4分钟（第32页），再调至中速挡，和面6分钟（如选择手工和面，参见第30—31页）。
将橄榄油缓缓加入面团中，持续搅拌面团直至橄榄油完全融入其中。

3.
将面团取出，放入搅拌碗中，用干净的茶巾盖住，静置30分钟（一次发酵，环境温度以25℃—28℃为宜）。

4.
对面团进行折叠（第37页）。完成后，用干净的茶巾盖住，继续静置30分钟（一次发酵，环境温度以25℃—28℃）。

5.
将面团成分为2个200克的小面团，分别整形成方形。

6.
将面团放在烘焙纸上，有接缝线的一面朝下，用干净的茶巾盖住，静置2小时（二次发酵，环境温度以25℃—28℃为宜）。

7、8.
将空烤盘和一碗水放入烤炉中，将烤炉预热至260℃。面团表面筛少许面粉（第285页）。取出预热好的烤盘，将面团和烘焙纸一同放在烤盘上。向烤炉炉底喷些水，将烤炉温度调至240℃。将面团入炉烘烤15分钟（烘烤过程中，请勿将此前放入的那碗水取出）。

佛卡夏面包

基础知识

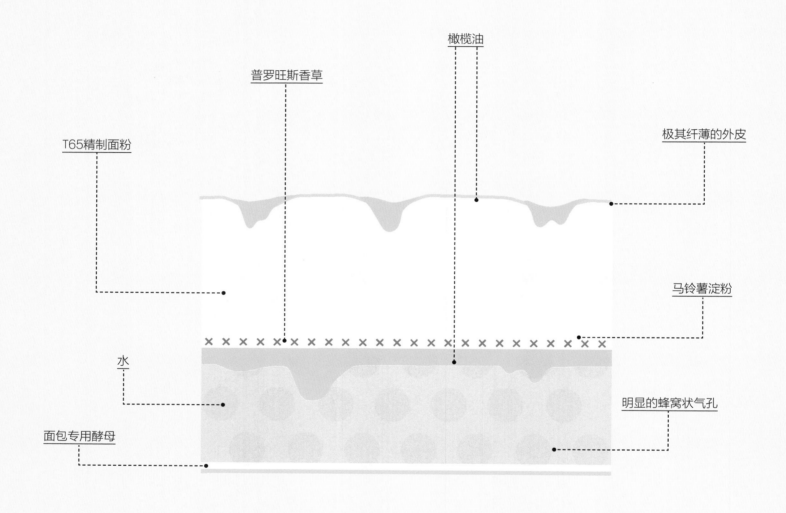

橄榄油

普罗旺斯香草

T65精制面粉

极其纤薄的外皮

马铃薯淀粉

水

明显的蜂窝状气孔

面包专用酵母

定义

佛卡夏面包是一种由橄榄油制成的，较扁的长方形面包。

佛卡夏面包的特征

重量：200克。
大小：20厘米×15厘米。
内部结构：明显的蜂窝状气孔。
表皮：极其纤薄、柔软。

制作时长

准备时长：20分钟。
发酵时长：2.5小时（一次发酵1小时，静置松弛30分钟，二次发酵1小时）。
烘烤时间：10分钟。

所需器具

带有搅拌钩的和面机（可选）。
切面刀。
毛刷。
擀面杖。

佛卡夏面包的衍生品

夹馅佛卡夏。

难点

整形时不要弄破面团。

所需技巧

和面（第30—33页）。
折叠（第37页）。
揉圆（第38页）。

如何判断佛卡夏面包是否烤好了

如果面包表皮略呈金黄色，且质地柔软，就说明烤好了。

保存方法

用食品级保鲜膜裹好，冰箱冷藏24小时。

佛卡夏面包与拖鞋面包有何不同？

佛卡夏面包不使用鲁邦种，因此比拖鞋面包酸味淡。此外，由于佛卡夏面包的发酵时间较短，口感不如拖鞋面包松软。

制作流程

如何制作2个佛卡夏面包

1．制作面团所需的原材料

T65精制面粉　190克
水　140克
盐　4克
面包专用鲜酵母　6克
马铃薯淀粉　35克

2．用于制作馅料

普罗旺斯香草　2克
橄榄油　25克

3．用于涂抹面团表面

橄榄油　5克

制作流程

1.
将面粉、水、盐、揉碎的鲜酵母、马铃薯淀粉和普罗旺斯香草倒入和面桶中，和面机调至1挡，和面4分钟（第32页），再调至中速挡，和面6分钟。当面团从和面桶内壁掉落到桶底，说明和面成功（如选择手工和面，参见第30—31页）。
缓缓加入橄榄油，持续搅拌，直至橄榄油完全融入其中。

2.
将面团取出，放入搅拌碗中，用干净的茶巾盖住，静置30分钟（一次发酵，环境温度以25℃—28℃为宜）。

对面团进行折叠（第37页）。之后，用干净的茶巾盖住，继续静置30分钟（一次发酵，环境温度以25℃—28℃为宜）。

3.
用切面刀将面团等分为2个200克的小面团，分别揉圆（静置松弛前的预备步骤，见第38页）。

4、5.
将面团放在烘焙纸上，用干净的茶巾盖住，静置松弛30分钟（环境温度以25℃—28℃为宜）。

6.
用擀面杖将面团擀成长20厘米，宽15厘米，厚2厘米的长方形。

7.
用干净的茶巾盖住面饼，静置1小时（二次发酵，环境温度以25℃—28℃为宜）。

8.
将空烤盘和一碗水放入烤炉中，将烤炉预热至260℃（传统烤炉）。取出预热好的烤盘，将面团和烘焙纸一同放在烤盘上。用手指轻轻地在面团上按30个小坑，注意不要将面饼戳破。最后，再用毛刷蘸少许橄榄油，涂抹于凹陷处。
向烤炉炉底喷些水。将面团入炉烘烤10分钟（烘烤过程中，请勿将此前放入的那碗水取出）。

普罗旺斯香草面包

基础知识

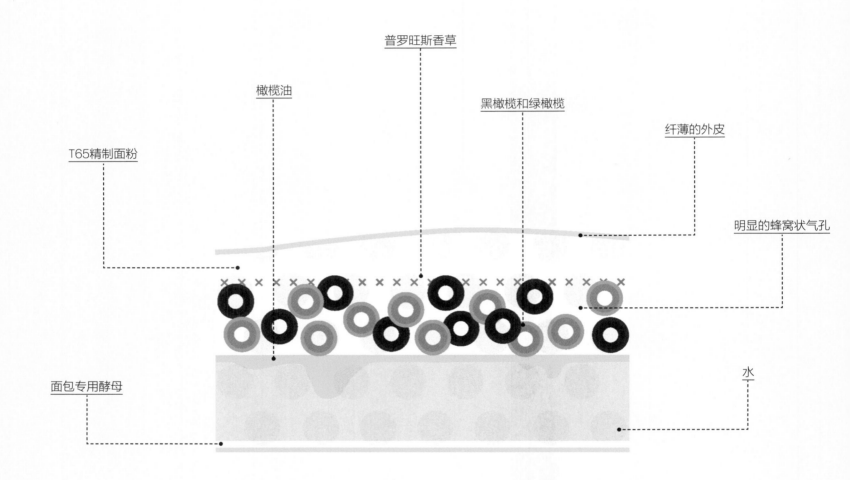

普罗旺斯香草

橄榄油

黑橄榄和绿橄榄

T65精制面粉

纤薄的外皮

明显的蜂窝状气孔

面包专用酵母

水

定义

普罗旺斯香草面包是一种由T65精制面粉、面包专用酵母、橄榄油、普罗旺斯香草和橄榄制成的长方形面包，中间部分有几道大的割口。

普罗旺斯香草面包的特征

重量：300克。
大小：15厘米×30厘米。
内部结构：明显的蜂窝状气孔。
表皮：纤薄。

制作时长

准备时长：45分钟。
发酵时长：45分钟（一次发酵）。
烘烤时间：12分钟。

所需器具

带有搅拌钩的和面机（可选）。
擀面杖。
割包刀。

难点

在面图案上割开切口。

所需技巧

和面（第30—33页）。
割包（第50—51页）。

割开切口的作用

切口有助于增加面包表皮的面积，使外皮更加松脆。

制作流程

如何制作1个普罗旺斯香草面包

1. 制作面团所需的原材料

T65精制面粉　140克
水　95克
盐　3克
面包专用鲜酵母　3克
普罗旺斯香草　5克
橄榄油　10克

2. 用于表面装饰

橄榄　60克

165

制作流程

1.

将面粉、水、盐、揉碎的鲜酵母和普罗旺斯香草倒入和面桶中，和面机调至1挡，和面4分钟（第32页），再调至中速挡，和面6分钟。当面团从和面桶内壁掉落到桶底，说明和面成功（如选择手工和面，参见第30—31页）。

2.

缓缓加入橄榄油，持续搅拌直至橄榄油完全融入面团。倒入橄榄，继续搅拌直至橄榄均匀地分布在面团中。

3.

将面团取出，放入搅拌碗，用保鲜膜封口，静置45分钟（一次发酵，环境温度以25℃—28℃为宜）。

4.

将面团整成长方形，放在烘焙纸上。

5.

旋转烘焙纸，使面团的对角线与自己垂直，沿对角线将面饼擀成厚为2厘米的长方体，用切面刀在面饼上划出4道开口，再用手指将切口撑开。

6.

将空烤盘放入烤炉中，烤炉预热至260℃（传统烤炉）。取出预热好的烤盘，将面饼与烘焙纸一同放在预热好的烤盘上。将面饼入炉烘烤12分钟。

意式面包条（阿拉棒）

基础知识

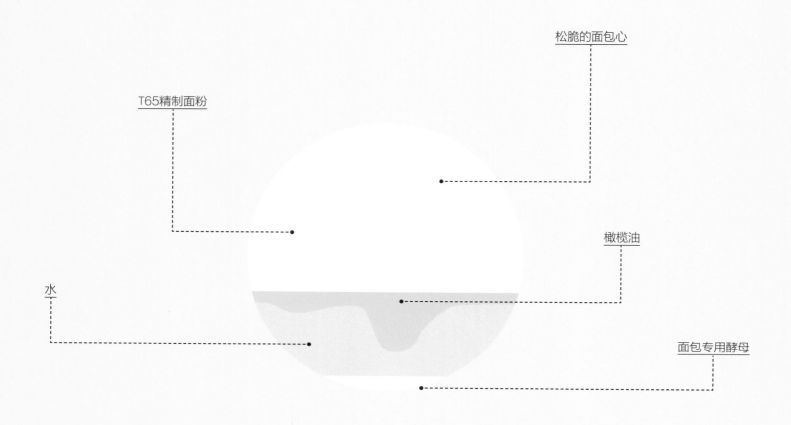

松脆的面包心

T65精制面粉

橄榄油

水

面包专用酵母

定义

意式面包条是一种由橄榄油制成的细长条形面包。它起源于意大利都灵，有原味、香草味、辛辣味等多种口味，表面可装饰各种谷物种子。

意式香脆长条面包的特征

重量：20克。
长度：约50厘米。
内部结构：松脆。
表皮：无。

制作时长

准备时长：30分钟。
发酵时长：30分钟（一次发酵）。
烘烤时间：10—15分钟。

所需器具

带有搅拌钩的和面机（可选）。
毛刷。
擀面杖。

所需技巧

和面（第30—33页）。

制作诀窍

将面团拧成麻花状后，应浸湿双手，将首尾两端在烘焙纸上按实，防止面团在烘烤过程中变形或移动。

如何判断意式香脆长条面包是否烤好了

面包条通体呈金黄色，质地松脆，就说明烤好了。

保质期

4—5天。

制作流程

如何制作15—20根意式面包条

制作面团所需的原材料

T65精制面粉　225克

20℃—25℃的温水　135克

盐　5克

面包专用鲜酵母　7克

装饰面团所需的原材料

橄榄油　20克

盐之花、胡椒粉、蒜末、芝麻、辣椒粉和番茄酱（或唐杜里酱）　40克

1.

将面粉、温水、盐和揉碎的鲜酵母倒入和面桶中。

2.

将和面机的和面速度调至1挡，和面4分钟（第32页）直至面团质地均匀，再调至中速挡，和面6分钟。当面团从和面桶内壁掉落到桶底，说明和面成功（如选择手工和面，参见第30—31页）。

将面团取出，放入搅拌碗中，用保鲜膜封口，在常温下一次发酵30分钟。

3.

烤炉预热至270℃。用擀面杖将面团擀成1厘米厚的面饼，再将面饼切成1厘米宽的长条形。

4.

将准备好的装饰食材（盐之花、胡椒粉、蒜末、芝麻、辣椒粉、番茄酱或唐杜里酱）撒在面团上。左右手分别抓住面团的首尾两端，将其拧成长约50—60厘米的麻花状。将烘焙纸放在烤盘上，再将长条面团一根一根地整齐排列在烘焙纸上，两端压实。

5.

用毛刷蘸些橄榄油，均匀地抹在长条面团上。

6.

将长条面团入炉烘烤10分钟。

原味软吐司

基础知识

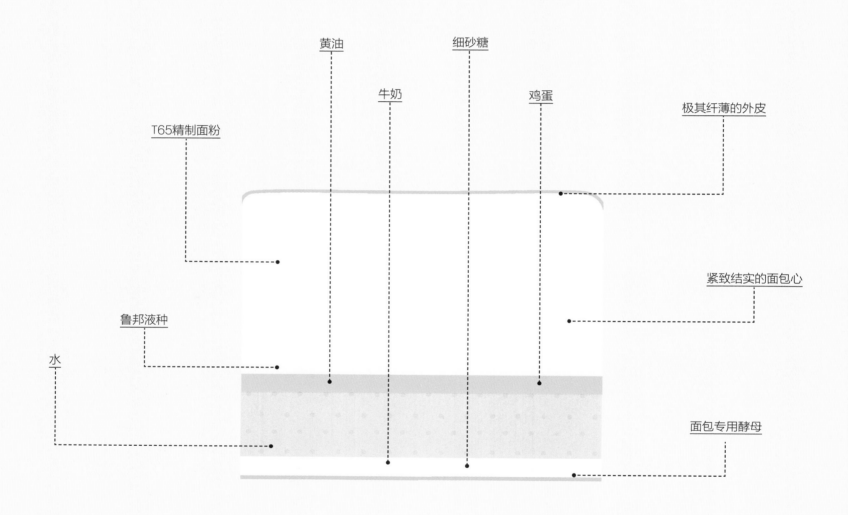

黄油　　　　　细砂糖

牛奶　　　　　鸡蛋

T65精制面粉

极其纤薄的外皮

紧致结实的面包心

鲁邦液种

水

面包专用酵母

定义

原味软吐司是一种放入长方形模具烘烤而成的白吐司，口感微甜。

原味软吐司的特征

重量：450克。
长度：18厘米。
内部结构：紧致，湿润。
表皮：极其纤薄、柔软。

制作时长

准备时长：25分钟。
发酵时长：2小时45分钟（一次发酵1.5小时，二次发酵1小时15分钟）。
烘烤时间：25分钟。

所需器具

带有搅拌钩的和面机（可选）。
吐司模具（长18厘米，高8厘米，带盖）。
擀面杖。
毛刷。

难点

及时入炉烘烤，避免二次发酵后面团长得过高。
把握烘烤时间：面包心应保持柔软湿润的口感。

所需技巧

和面（第30—33页）。
折叠（第37页）。
揉圆（第38页）。
整形（第40—47页）。

制作诀窍

如果吐司模没有盖，可以用烤盘替代，使用时需在烤盘上压上一块重物。

如何判断原味软吐司是否烤好了

面包表皮呈金黄色，就说明烤好了。

保存方法

冷藏保存3天（以防发霉）。

制作流程

如何制作1个原味软吐司

T65精制面粉　170克

冷水　80克

鲁邦液种（第20页）　20克

面包专用鲜酵母　3克

细砂糖　15克

牛奶　10克

盐　3克

鸡蛋　10克

无盐黄油　25克（额外准备15克软化的黄油，用于涂抹模具内壁）

1.
将除黄油外的所有原材料倒入和面桶中，和面机调至1挡，和面6分钟（第32页）。当面团从和面桶内壁掉落到桶底，说明和面成功（如选择手工和面，参见第30—31页）。完成后，倒入黄油，继续以1挡的速度进行搅拌直至黄油完全融入面团中。

2.
用干净的茶巾盖住面团，静置1.5小时（一次发酵，环境温度以25℃—28℃为宜）。

3.
静置45分钟后，应对面团进行折叠（第37页）。

4.
将面团揉圆（第38页），再延展（第41页）成与模具长度相等的长条状。

5.
用毛刷蘸些软化的黄油，均匀地涂抹在模具内壁上。将面团放入模具中，有接缝线的一面朝下。

6.
盖上顶盖，让面团静置1—1.5小时（环境温度以25℃—28℃为宜）。静置结束后，面团与模具顶盖之间应留有5毫米的间隙。

7.
烤炉预热至200℃，将面团入炉烘烤25分钟（入炉前，应将模具顶盖扣紧）。

贝果

基础知识

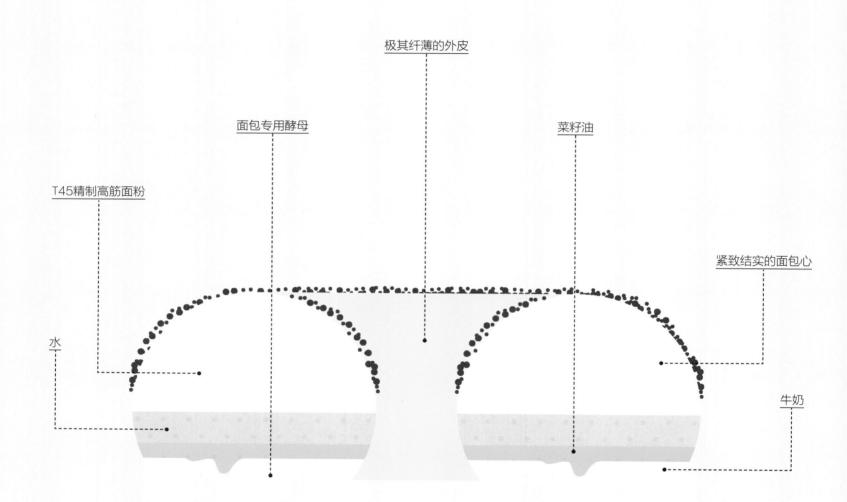

极其纤薄的外皮

面包专用酵母

菜籽油

T45精制高筋面粉

紧致结实的面包心

水

牛奶

定义

贝果是一种由精制高筋面粉和牛奶制成的圆环形面包，口感微甜，需先煮制，再入炉烘烤。

贝果的特征

重量：150克。
大小：直径15厘米。
内部结构：紧致，湿润。
表皮：极其纤薄、柔软。

制作时长

准备时长：1小时。
发酵时长：1.5—2小时。
烘烤时间： 15分钟。

所需器具

带有搅拌钩的和面机（可选）。
切面刀。

难点

整形。
煮制。

所需技巧

和面（第30—33页）。
揉圆（第38页）。
整形成花冠状（第46页）。

如何判断贝果是否制作成功？

面包表皮轻微上色，呈浅金黄色，就说明烤好了。

保质期

2天。

为什么贝果必须先煮制再烘烤？

因为在煮制的过程中，沸水能够使面团中的淀粉凝胶于表面，从而令贝果的表面更加细腻光滑。同时，大量水蒸气会聚集在面团内部，使面团迅速膨胀，面包的内部结构也因此更加蓬松柔软。

制作流程

1

2

如何制作8个贝果

1. 制作面团所需的原材料

T45精制高筋面粉　700克
水　300克
牛奶　50克
面包专用鲜酵母　25克
细砂糖　15克
盐　15克
菜籽油　50克

2. 烘焙所需的原材料

白醋　一勺
黑芝麻或白芝麻（可选）　适量

制作流程

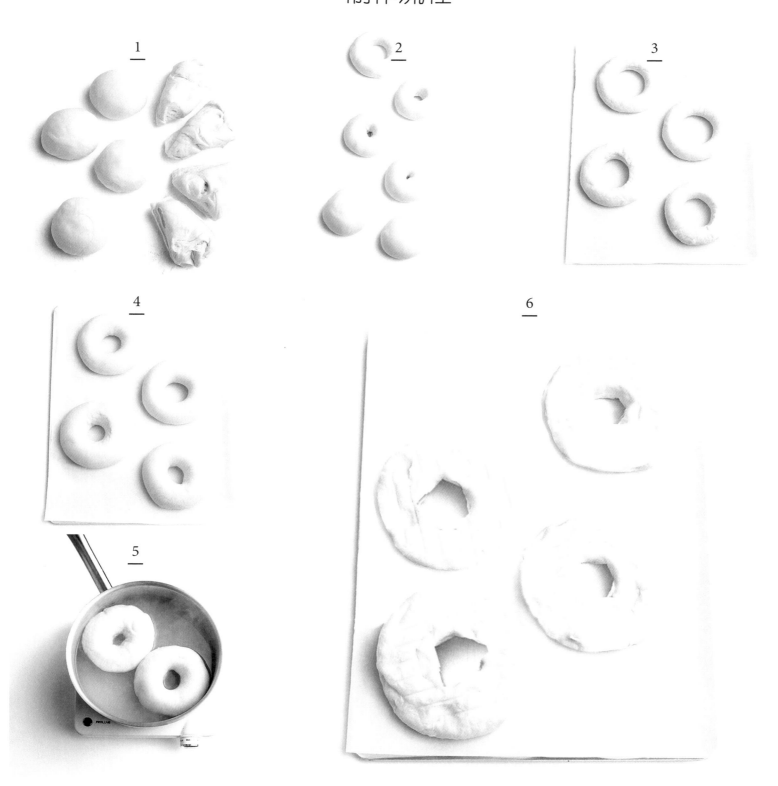

1.

将面粉、温水、揉碎的鲜酵母、牛奶、细砂糖和盐倒入和面桶中，和面机调至1挡进行搅拌直至面团质地均匀，再调至中速挡，和面6分钟（如选择手工和面，参见第30—31页）。

倒入菜籽油，继续以1挡的速度进行搅拌，直至菜籽油完全融入面团。

用干净的茶巾盖住面团，在常温下静置15分钟。

用切面刀将面团等分为8个150克的小面团，分别揉圆（松弛前的预备步骤，见第38页）。用茶巾盖住小面团，静置松弛30分钟。

2.

用手指在面团中间处戳个洞。

3.

双手蘸些面粉，然后将面团整形成花冠状（第46页），外径应为15厘米。

4.

将面团分成2组，放在烘焙纸上（即每张烘焙纸上放4个面团），用干净的茶巾盖住，静置一段时间（通常为1—1.5小时，环境温度以25℃—28℃为宜），直至面团的体积膨胀至两倍。

5.

将烤炉预热至240℃（传统烤炉）。向煮锅中倒入一定量的水和白醋，大火煮沸。将面团分批（通常2个面团为1组）倒入沸水中煮30秒钟，之后翻面，继续煮30秒钟。然后用漏勺将面团捞出沥干。

6.

将面团放在烘焙纸上（可依个人口味在表面沾满黑芝麻或白芝麻），入炉烘烤12—13分钟。

小圆面包

基础知识

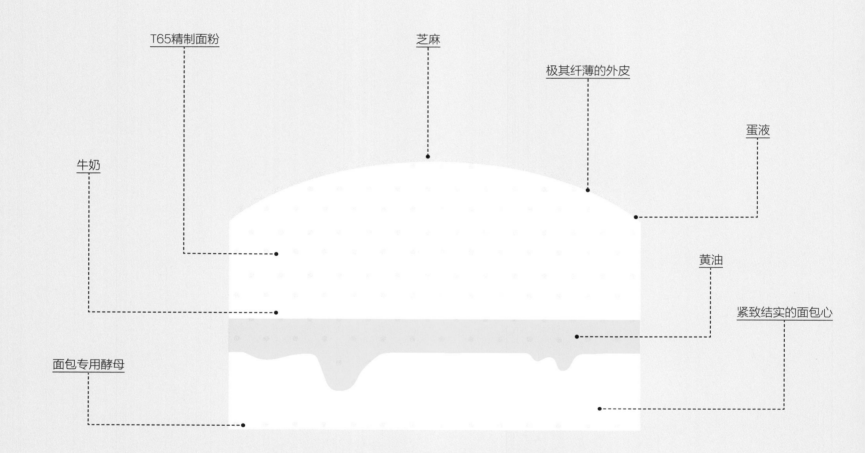

T65精制面粉

芝麻

极其纤薄的外皮

蛋液

牛奶

黄油

紧致结实的面包心

面包专用酵母

定义

小圆面包是一种表面点缀芝麻粒的圆形面包。

小圆面包的特征

重量：80克。
直径：10厘米。
内部结构：紧致。
表皮：极其纤薄、柔软。

制作时长

准备时长：3小时。
发酵时长：6小时。
烘烤时间：10—15分钟。

所需器具

带有搅拌钩的和面机（可选）。
切面包。
漏勺。
毛刷。

难点

准确地整形：面团不够立体，会导致内部气体流失，烘烤后无法成为球形。

所需技巧

和面（第30—33页）。
揉圆（第38页）。
涂抹蛋液（第48页）。

如何判断小圆面包是否烤好了

面包表面呈金黄色，就说明烤好了。

保存方法

常温下最多可保存2天。
冷冻可保存数周。

为什么小圆面包的内部结构并不蓬松柔软？

小圆面包是维也纳面包的一种（成分中含有牛奶和黄油），但相比牛奶小面包和布里欧修，它所使用的黄油量更小，且不含鸡蛋，而使面包蓬松、质地绵密的正是这两种食材。

制作流程

<u>1</u>

<u>2</u>

<u>3</u>

如何制作4个小圆面包

1. 制作面团所需的原材料

T65精制面粉　240克
牛奶　145克
面包专用鲜酵母　4克
细砂糖　20克
无盐黄油，室温　35克

2. 制作蛋液所需的原材料

鸡蛋　1个
牛奶　3克
盐　一小撮

3. 用于表面装饰

白芝麻（或黑芝麻）　20克

制作流程

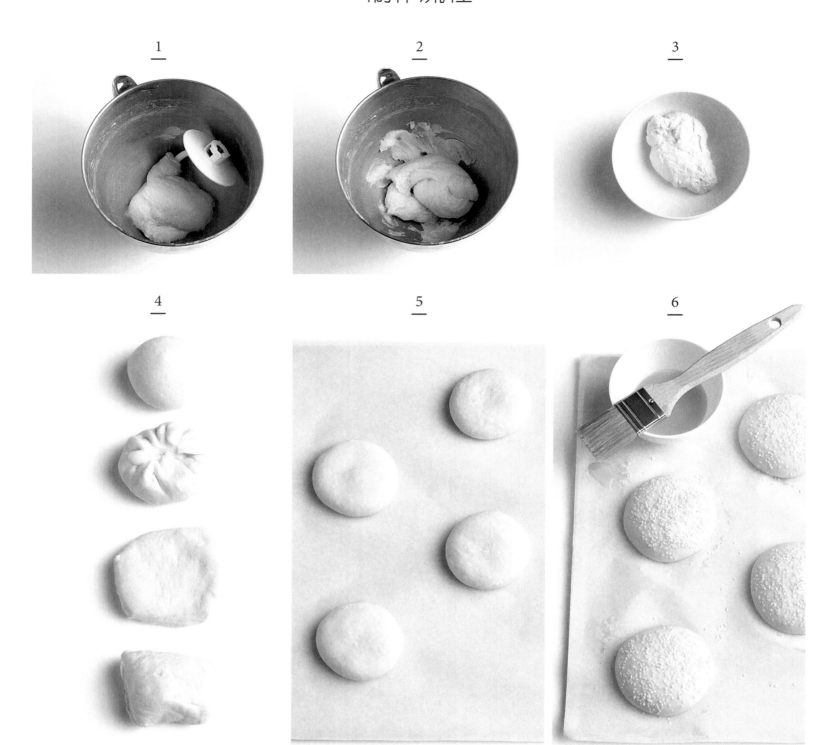

1.
将面粉、牛奶、盐、揉碎的鲜酵母和细砂糖倒入和面桶中。将和面机的和面速度调至1挡，和面4分钟（第32页），再调至中速挡，和面6分钟。当面团从和面桶内壁掉落到桶底，说明和面成功（如选择手工和面，参见第30—31页）。

2.
倒入常温的无盐黄油，继续搅拌直至黄油完全融入面团。

3.
将面团取出，放入搅拌碗中，用保鲜膜封口，放入冰箱冷藏4小时。

4.
用切面刀将面团等分为4个100克的小面团，分别揉圆（第38页）。烤盘铺上烘焙纸，将面团放在烘焙纸上，有接缝线的一面朝下，再放入冰箱冷藏30分钟。

5.
用手掌轻轻将面团压扁。

6.
用毛刷蘸些蛋液，均匀地刷在面团表面（第48页），然后撒一层白芝麻。将面团静置1.5小时（二次发酵，环境温度以25℃—28℃为宜）。

将空烤盘和一碗水放入烤炉中，将烤炉预热至260℃（传统烤炉）。取出预热好的烤盘，将面团与烘焙纸一同放在烤盘上。向烤炉炉底喷些水。将面团入炉烘烤10—15分钟（烘烤过程中，请勿将此前放入的那碗水取出）。

可颂

基础知识

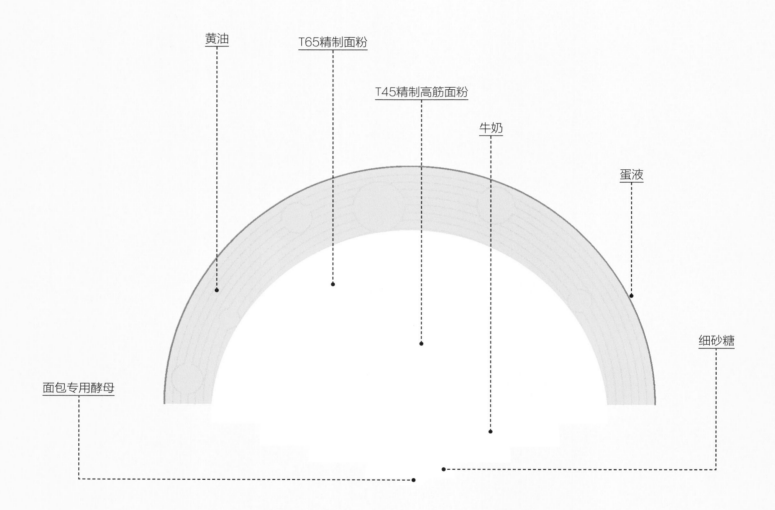

黄油

T65精制面粉

T45精制高筋面粉

牛奶

蛋液

细砂糖

面包专用酵母

定义

可颂是一种由千层酥皮面团制成的面包。制作时将千层酥皮面团擀薄后切成三角形，再卷起来。

可颂的特征

重量：80—90克。
长度：12厘米。
内部结构：明显的蜂窝状气孔。

制作时长

准备时长：1.5小时。
静置时长：5.5小时（低温静置3小时，于25℃环境中静置松弛2.5小时）。
烘烤时间：15分钟。

所需器具

带有搅拌钩的和面机（可选）。
擀面杖。
漏勺。
毛刷。

难点

准确把握擀面力度，将面团充分擀开的同时切忌用力过猛，避免混酥。

所需技巧

和面（第30—33页）。
整成圆形（第42页）
擀面（第283页）。
涂抹蛋液（第48页）。

如何判断可颂是否烤好了

可颂表皮呈金黄色，质地蓬松酥脆，就说明烤好了。

为什么千层酥皮面饼能够形成薄如蝉翼的分层？

因为黄油层与非黄油层之间达到了一种平衡。烘烤时，面饼外层（即非黄油层）会在热量的作用下迅速脱水，并与黄油层剥离。与此同时，由于黄油不透水，面饼里层（即黄油层）依旧保持湿润，形成薄如蝉翼的分层。

制作流程

1
—

2
—

3
—

如何制作6个可颂

1．制作面团所需的原材料

T65精制面粉　110克
T45精制高筋面粉　110克
细砂糖　30克
盐　4克
冷牛奶　105克
面包专用鲜酵母　7克

2．折叠面团所需的原材料

黄油　120克

3．制作蛋液所需的原材料

鸡蛋　1枚
牛奶　3克
盐　一小撮

制作流程

2

4

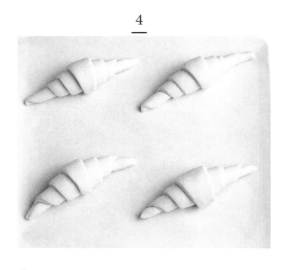

3

5

1.

将面粉、细砂糖、牛奶、盐和揉碎的鲜酵母倒入和面桶中。将和面机调至1挡，和面5分钟（第32页），再调至中速挡，和面5分钟（如选择手工和面，参见第30—31页）。将面团整成圆形，用食品级保鲜膜裹好，放入冰箱冷藏1小时。

用擀面杖轻轻敲打黄油使其变软，之后，再用擀面杖将黄油擀成长约8厘米，厚约1厘米的正方形。

2.

用擀面杖将面团擀成宽8厘米、长16厘米的长方形（黄油片长度的两倍）。

将黄油放在面饼中间处，将面饼上下两端向中间对折，于黄油的中轴线位置接合。最后，将面饼旋转90°，使面饼上下两侧的接缝线与身前的操作台边缘呈直角。

用三折法折叠面饼：用擀面杖将面饼擀成长边为24厘米的长方形。然后，将面饼折三折，即折成一个边长8厘米的正方形。用保鲜膜将面饼裹好，放入冰箱先冷冻10分钟，再冷藏30分钟。之后，重复步骤5两次。

用擀面杖将面饼擀成长24厘米、厚2.5厘米的长方形（第283页）。之后，将面饼切割成数个底边为9厘米，斜边为24厘米的等腰三角形。

3.

在每个三角形的底边中间划一个长为0.5厘米的小豁口。从割开的两部分底边开始，将面饼向上卷起，不要卷得过紧，收尾处应向下放置。

4.

将卷好的可颂面团放在烘焙纸上，面团之间间隔3—4厘米的距离。用毛刷蘸些蛋液，均匀涂抹在面团表面（第48页）。

5.

静置松弛3小时（环境温度以25℃—28℃为宜），无须遮盖。

将烤炉预热至180℃（对流式烤箱）。再次用毛刷蘸些蛋液，均匀涂抹在面团表面。最后，将面团入炉烘烤约15分钟。

巧克力可颂

基础知识

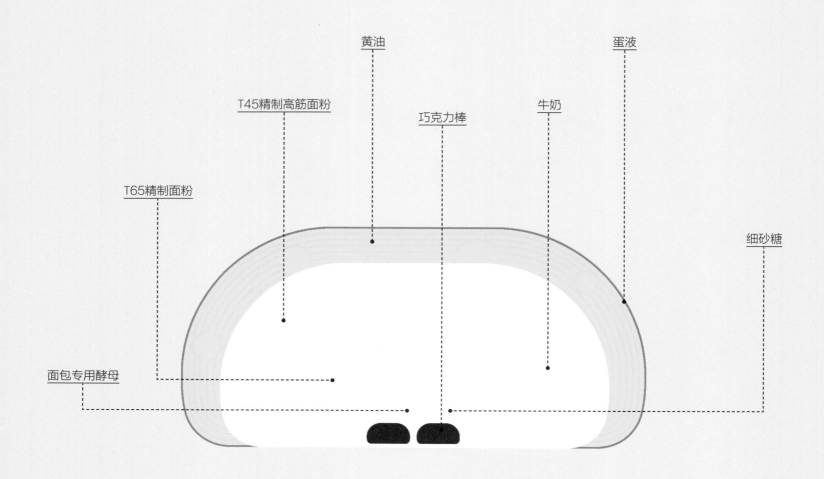

T65精制面粉

T45精制高筋面粉

黄油

巧克力棒

牛奶

蛋液

细砂糖

面包专用酵母

定义

巧克力可颂是一种由千层酥皮面团制成的面包。制作时将整张千层酥皮面团切分成数个长方形，中间放置两根巧克力棒，再卷起来。

巧克力可颂的特征

重量：80—90克。
长度：10厘米。
内部结构：明显的蜂窝状气孔。

制作时长

准备时长：1小时。
发酵时长：5.5小时（低温发酵3小时，二次发酵2.5小时）。
烘烤时间：15分钟。

所需器具

带有搅拌钩的和面机（可选）。
擀面杖。
毛刷。

难点

准确把握擀面力度，将面团充分擀开的同时切忌用力过猛，避免混酥。

所需技巧

和面（第30—33页）。
整成圆形（第42页）。
擀面（第283页）。
涂抹蛋液（第48页）。

制作诀窍

如果没有巧克力棒，可以用巧克力块代替。

如何判断巧克力可颂是否烤好了

可颂表皮呈金黄色，质地蓬松酥脆，就说明烤好了。

制作流程

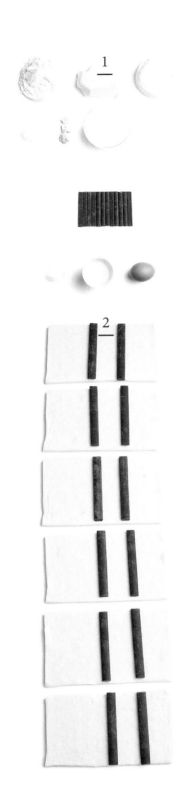

1

2

4

3

5

6

如何制作6个巧克力可颂

制作面团所需的原材料

T65精制面粉　110克

T45精制高筋面粉　110克

细砂糖　30克

盐　4克

牛奶　105克

面包专用鲜酵母　7克

无盐黄油（用于折叠面团阶段）　120克

制作馅料所需的原材料

巧克力棒　12根

制作蛋液所需的原材料

鸡蛋　1枚

牛奶　3克

盐　一小撮

1.

制作千层酥皮面团（第62页）。

用擀面杖将面团擀成宽13厘米，厚2.5厘米的长条形（第283页）。

2.

将整张酥皮切分为6个长13厘米，宽10厘米的长方形。每张上放置两根巧克力棒，其中一根应距离酥皮一侧（远离身体这一侧）边缘2厘米，另一根到另一侧边缘的距离应为3厘米。

3.

从远离身体的一侧开始卷，先将面饼边缘掀起，盖住临近的巧克力棒，再完全卷起来，封口处向下。

4、5.

用毛刷蘸些蛋液，均匀涂抹在面团表面（第48页）。静置松弛1.5小时（环境温度以25℃—28℃为宜），无须遮盖。

6.

将烤炉预热至180℃（传统烤炉）。再次用毛刷蘸些蛋液，均匀地涂抹在面团表面。之后，将面饼放在烘焙纸上，入炉烘烤15分钟左右。

185

葡萄干丹麦卷

基础知识

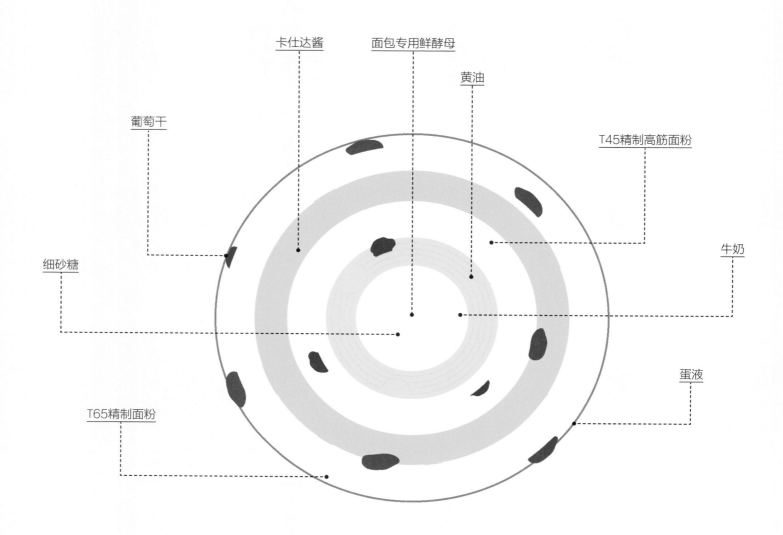

卡仕达酱　　面包专用鲜酵母

黄油

葡萄干

T45精制高筋面粉

细砂糖

牛奶

T65精制面粉

蛋液

定义

葡萄干丹麦卷是一种含有卡仕达酱和葡萄干的螺旋状面包。

葡萄干丹麦卷的特征

重量：120克。
大小：直径20厘米。
内部结构：明显的蜂窝状气孔。

制作时长

浸泡时长：1晚。
准备时长：1.5小时。
发酵时长：6.5小时（低温发酵4小时，二次发酵2.5小时）。
烘烤时间：15分钟。

所需器具

带有搅拌钩的和面机（可选）。
擀面杖。
切面刀。
漏勺。
毛刷。

难点

准确把握擀面力度，将面团充分擀开的同时切忌用力过猛，避免混酥。
将面团卷成螺旋状。

所需技巧

将蛋黄搅打至乳白色（第284页）。
和面（第30—33页）。
整成圆形（第42页）。
擀面（第283页）。
涂抹蛋液（第48页）。

如何判断葡萄干丹麦卷是否烤好了

如果面包表皮呈金黄色，质地蓬松酥脆，就说明烤好了。

保质期

最多1—2天。

制作流程

如何制作6个葡萄干丹麦麦卷

1. 制作面团所需的原材料

T65精制面粉　120克
T45精制高筋面粉　120克
牛奶　115克
细砂糖　30克
盐　5克
面包专用鲜酵母　7克
黄油（用于折叠面团）　120克

2. 制作卡仕达酱所需的原材料

牛奶　250克
细砂糖　100克
鸡蛋　2枚（100克）
玉米淀粉　25克

3. 制作蛋液所需的原材料

鸡蛋　1枚
牛奶　3克
盐　一小撮

4. 制作糖浆所需的原材料

水　25克
细砂糖　25克

5. 装饰面团所需的原材料

葡萄干　200克

制作流程

前一晚

将葡萄干放入温水中泡发。

制作当天

1.

制作卡仕达酱（第76页）。将卡仕达酱倒入铁盘中，表面覆盖保鲜膜（第285页），放入冰箱冷藏1小时。

2.

制作千层酥皮面团（第62页）。用擀面杖将面团擀成宽30厘米，厚2.5厘米的长方形（第283页）。将卡仕达酱均匀地涂抹在面饼上。

3.

将葡萄干从水中捞出沥干，撒在面饼上，面饼的底部应多撒一些葡萄干（卷起后，面饼底部会形成丹麦卷的外圈）。

将面饼自上而下卷起。

4.

将卷好的面团切分成4厘米厚的小面卷。

5.

将每个小面卷外圈的尾端收进面团底部，捏紧，然后放在烘焙纸上。制作蛋液（第48页），用毛刷蘸些蛋液，均匀涂抹在面团表面（第48页）。

6.

与温暖处静置2.5小时（环境温度以25℃—28℃为宜）。

烤炉预热至180℃。再次用毛刷蘸些蛋液，均匀涂抹在面团表面。将面团入炉烘烤15分钟左右。

7.

制作糖浆：将细砂糖倒入锅中，加入适量的水，大火煮开后熄火。面包出炉之后，用毛刷蘸些糖浆，均匀涂抹在面包表面。

瑞士甜面包

基础知识

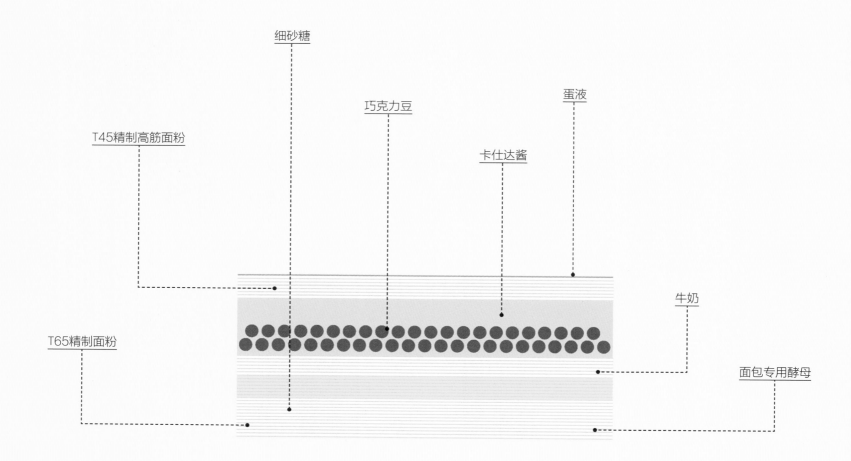

细砂糖

巧克力豆

蛋液

卡仕达酱

T45精制高筋面粉

牛奶

T65精制面粉

面包专用酵母

定义

瑞士甜面包是一种上下两层酥皮面团，中间夹卡仕达酱和巧克力的面包。

瑞士甜面包的特征

重量：120克。
长度：10厘米。
内部结构：明显的蜂窝状气孔。

制作时长

准备时长：2小时。
发酵时长：2小时40分钟（一次发酵1小时40分钟，二次发酵1小时）。
烘烤时间：30分钟。

所需器具

带有搅拌钩的和面机（可选）。
毛刷。
切面刀。
漏勺。

所需技巧

和面（第30—33页）。
擀面（第283页）。
涂抹蛋液（第48页）。

如何判断瑞士甜面包是否烤好了

如果面包表皮呈金黄色，质地蓬松酥脆，就说明烤好了。

保存方法

常温保存1—2天。

制作流程

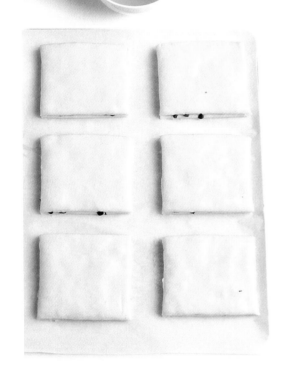

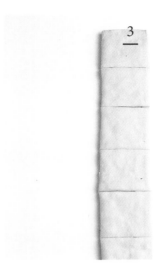

如何制作6个瑞士甜面包

制作千层酥皮面团所需的原材料

T65精制面粉　120克
T45精制高筋面粉　120克
黄油　120克
细砂糖　30克
盐　5克
牛奶　115克
面包专用鲜酵母　7克

制作卡仕达酱所需的原材料

牛奶　250克
细砂糖　50克
鸡蛋　2枚
玉米淀粉　25克

制作馅料所需的原材料

巧克力豆　60克

制作蛋液所需的原材料

鸡蛋　1枚
牛奶（或奶油）　3克
盐　一小撮

1.
制作卡仕达酱（第76页）。制作千层酥皮面团（第62页）。将面团等分为2个小面团，再分别擀成长60厘米，宽10厘米，厚2.5厘米的面饼。

2.
将卡仕达酱均匀地涂抹在其中一个面饼上，四周边缘留出0.5厘米不要涂抹，以防溢出。之后，在面饼上撒一层巧克力豆。

3.
将另一块未涂抹卡仕达酱的面饼盖在完成步骤2的面饼上。
用切面刀将长条面饼切成6个边长为10厘米的正方形。

4.
将6块小面饼放在烘焙纸上，然后制作蛋液（第48页）。用毛刷蘸些蛋液，均匀涂抹在面饼表面（第48页）。用干净的茶巾盖住面饼，于温暖处静置1小时（一次发酵，环境温度以25℃—28℃为宜）。

5.
将空烤盘放入烤炉中，烤炉预热至180℃（传统烤炉）。取出预热好的烤盘，将面团与烘焙纸一同放在烤盘上。再次用毛刷蘸些蛋液，均匀地涂抹在面饼表面，然后入炉烘烤30分钟。

杏仁可颂

基础知识

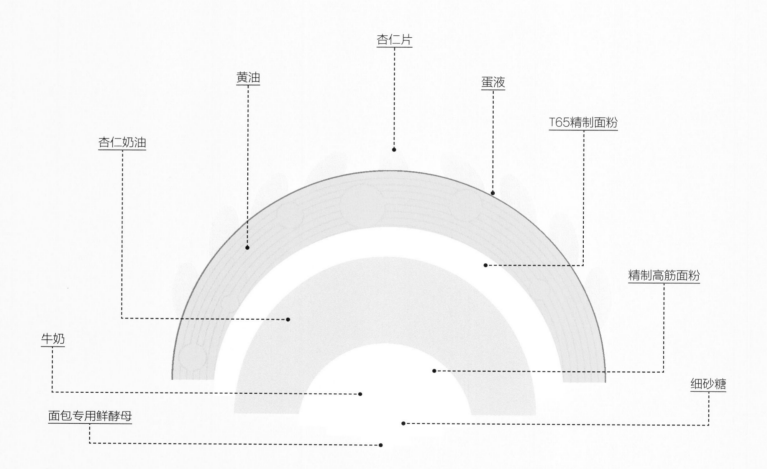

杏仁片

黄油

蛋液

T65精制面粉

杏仁奶油

精制高筋面粉

牛奶

细砂糖

面包专用鲜酵母

定义

杏仁可颂是一种将烤好的可颂切开，涂抹杏仁奶油并饰以杏仁片后，再次入炉烘烤而成的可颂面包。

杏仁小可颂的特征

重量：约100克。
长度：12厘米。
内部结构：明显的蜂窝状气孔。

制作时长

准备时长：30分钟。
烘烤时间：30分钟。

所需器具

筛网。
带有裱花嘴的裱花袋。
毛刷。
锯齿刀。

所需技巧

搅打至乳白色（第284页）。
软化黄油（第284页）。

保存方法

通风保存，可保存1—2天。

如何判断杏仁可颂是否烤好了

杏仁奶油和杏仁片都呈金黄色，就说明烤好了。

制作流程

1

3

4

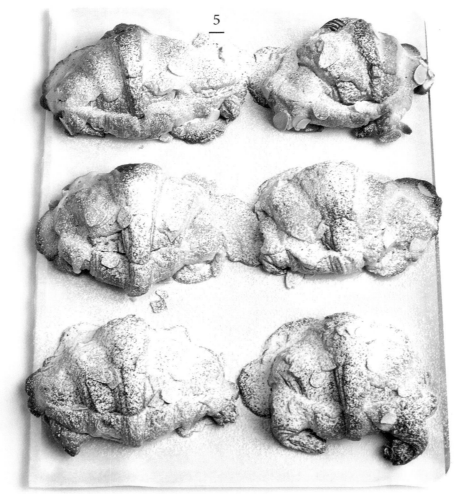

5

2

如何制作6个杏仁可颂

制作面团所需的原材料

6个可颂面包或6个巧克力可颂面包

制作杏仁奶油所需的原材料

软化的无盐黄油　50克
杏仁粉　50克
细砂糖　50克
鸡蛋　1枚
玉米淀粉　5克

制作糖浆所需的原材料

水　100克
细砂糖　100克

装饰面团所需的原材料

杏仁片　60克
糖粉

1.
制作糖浆：将细砂糖倒入锅中，加入适量的水，大火煮开，熄火。

2.
烤炉预热至180℃。制作杏仁奶油（第78页）。

3.
用锯齿刀将可颂从中间横向剖开，但不要切断。毛刷蘸上糖浆，在可颂表面和切开的剖面上涂满糖浆。完成后，将可颂放在烘焙纸上。

杏仁奶油装入裱花袋，通过裱花嘴挤在可颂的剖面上。

4.
在可颂表面挤些杏仁奶油，撒上杏仁片，并用手指轻轻按实。

5.
面包入炉烘烤30分钟，出炉后静置冷却，最后在面包表面筛一些糖粉。

法式苹果千层酥

基础知识

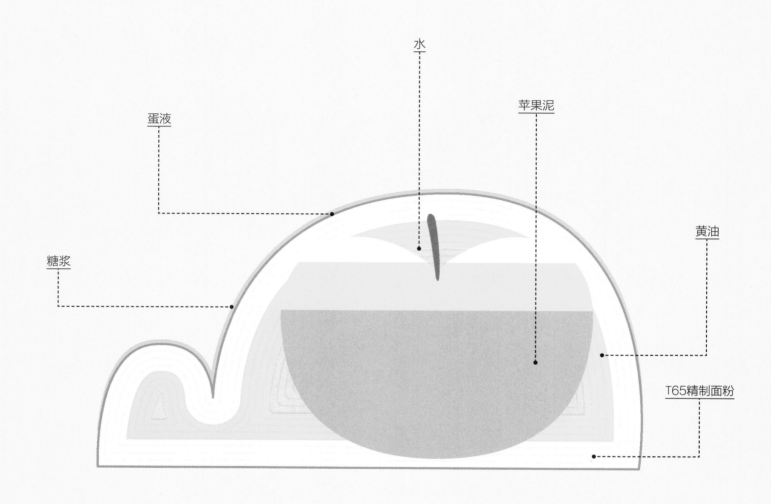

蛋液

水

苹果泥

糖浆

黄油

T65精制面粉

定义

法式苹果千层酥是一种由翻转千层油酥面团包裹煮熟的苹果泥制成的形如饺子的面包*。

法式苹果千层酥的特征

重量：100克。
大小：7.5厘米。
内部结构：明显的蜂窝状气孔，口感松脆。

制作时长

准备时长：1.5小时。
低温静置松弛时长：12小时。
烘烤时间：1.5小时。

所需器具

直径13厘米的波浪纹切割模具。
带有搅拌钩和搅拌桨的和面机。
擀面杖
毛刷

所需技巧

和面（第30—33页）。
擀面（第283页）。
涂抹蛋液（第48页）。
斜纹割包（第51页）。

制作诀窍

入炉之前，应将法式苹果千层酥面团翻面，使成品形状更加均匀美观。

如何判断法式苹果千层酥是否烤好了

成品表面呈金黄色，就说明烤好了。

保质期

最多1—2天。

如何提亮法式苹果千层酥的色泽？

要提亮法式苹果千层酥的色泽，令其更加诱人，可以在千层酥出炉后，在表面刷一层糖浆。糖水经大火煮沸，水分子蒸发，待熄火冷却时，糖的分子会相互联结，形成光可鉴人的糖浆。

*法式苹果千层酥法语原名为chausson aux Pommes，chausson一词意为"棉拖鞋"，形容其形状类似拖鞋的前端。由于油酥面皮折叠的方式与饺子类似，为便于读者理解，此处译作"形如饺子"。

制作流程

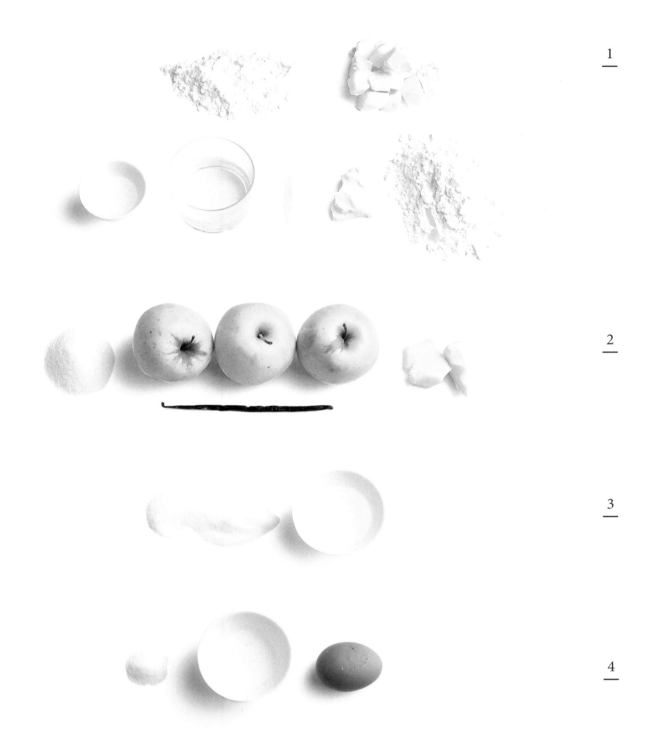

1

2

3

4

如何制作8个法式苹果千层酥

1. 制作300克翻转千层油酥面团所需的原材料

用于制作黄油面团
软化的无盐黄油，切成小块　100克
T65精制面粉　40克

用于制作白面团
软化的无盐黄油　30克
T65精制面粉　90克
盐　5克
冰水　40克
白醋　1克

2. 制作600克苹果泥所需的原材料

苹果　530克
细砂糖　30克
黄油　40克
香草荚　1根

3. 制作糖浆所需的原材料

水　25克
细砂糖　25克

4. 制作蛋液所需的原材料

鸡蛋　1枚
牛奶　3克
盐　一小撮

制作流程

1
___

2
___

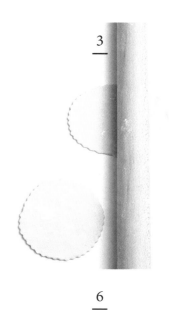

3
___

4
___

5
___

6
___

1.
制作苹果泥（第80页）。

2.
制作翻转千层油酥面团（第68页）。将烤炉预热至180℃。用擀面杖将面饼擀成厚为2.5厘米的长方形，然后用波浪纹切割模具在面饼上切出8个圆形小面饼。

3.
用擀面杖轻轻地将圆形小面饼擀成椭圆形。

4.
制作蛋液（第48页）。用毛刷蘸些蛋液，均匀地涂抹在椭圆形面饼的边缘上。

5.
舀取适量的苹果泥，堆放在面饼中间（苹果泥与面饼边缘的距离应为1厘米）。然后像包饺子一样用手指将两半面皮的边缘捏合在一起。

6.
将千层酥翻面，用毛刷蘸些蛋液，均匀地涂抹在表面（第48页）。参考斜纹割包技巧（第51页），用割包刀在酥皮表面割出花纹。

入炉烘烤30分钟。

制作糖浆：将细砂糖倒入锅中，加入适量的水，大火煮开后熄火。千层酥出炉后，用毛刷蘸些糖浆，均匀地涂抹在表面。

苹果派

基础知识

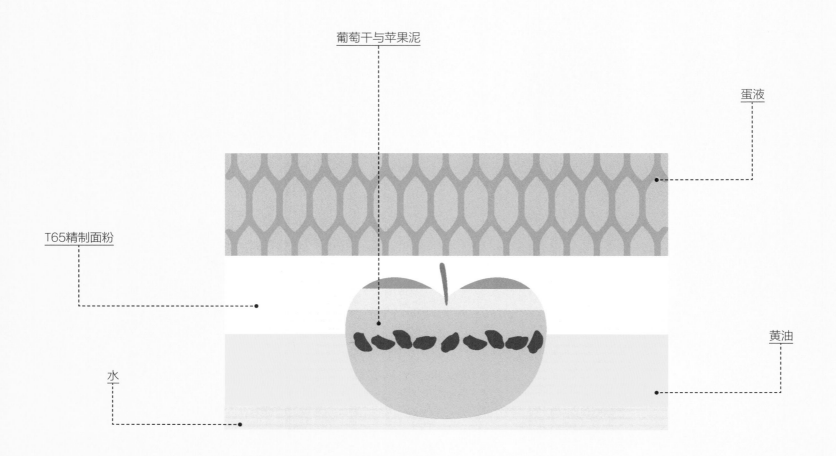

葡萄干与苹果泥

蛋液

T65精制面粉

水

黄油

定义

苹果派是有上下两层翻转千层油酥面皮，中间夹馅为苹果泥的酥皮糕点。上层的油酥面团擀平后，需用拉网刀压出渔网状花纹，再铺在馅料上。

制作时长

准备时长：30分钟。
低温静置时长：12小时。
烘烤时间：苹果泥烘烤时间45分钟；千层酥烘烤时间45分钟。

所需器具

带有搅拌钩以及搅拌桨的和面机。
40厘米×60厘米的烤盘。

擀面杖。
拉网刀。
切面刀。
毛刷。

难点

将翻转千层油酥面团压出渔网状花纹。

所需技巧

和面（第30—33页）。
铺派皮（第283页）。
擀面（第283页）。
涂抹蛋液（第48页）。

制作诀窍

拉网前先将面团放入冰箱冷藏12小时，这样压出的渔网花纹更加精细。
如果买不到拉网刀，可以直接用刀在面饼划出多排细小的切口（每排切口间距约1.5厘米）。

如何判断苹果派是否烤好了

如果派皮表面呈金黄色，就说明烤好了。

保质期

2—3天。

制作流程

如何制作8个苹果派

制作300克翻转千层油酥面团所需的原材料

用于制作黄油面团
软化的无盐黄油，切成块状　100克
T65精制面粉　40克

用于制作白面团
T65精制面粉　90克
软化的黄油　30克
盐　5克
冰水　40克
白醋　1克

制作600克苹果泥所需的原材料

金冠苹果　1千克
水　150克
蔗糖　50克
葡萄干　50克
香草荚　1根
肉桂粉　2克

制作蛋液所需的原材料

鸡蛋　1枚
牛奶（或奶油）　3克
盐　一小撮

制作流程

1

2

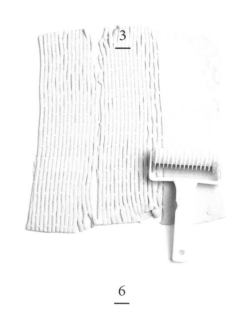

3

4

5

6

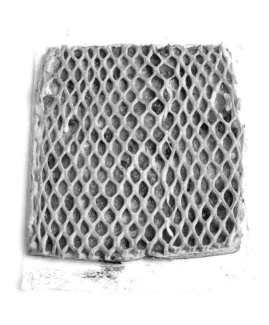

1.
制作翻转千层油酥面团（第68页）。苹果去皮，去核，然后切块。

2.
将苹果块、水、葡萄干和香草荚（香草荚应事先剖开去籽）倒入锅中，大火煮开，再转中火慢炖30分钟（慢炖过程中，需不时搅拌以免粘锅）。加入肉桂粉，持续搅拌，继续小火熬煮15分钟。将锅中混合物倒出冷却。

3.
用切面刀将翻转千层油酥面团一分为二，用擀面杖将其中一块小面饼擀至2.5毫米厚。
将烘焙纸放在烤盘上，然后再将2.5毫米厚的面饼铺在烘焙纸上作为饼底（第283页）。将苹果泥倒在面饼上，均匀铺开。
将另一块面饼擀至2毫米厚，用拉网刀压出切口，再轻轻拉开形成渔网花纹。

4.
用擀面杖卷起步骤5中的网状面饼，移动到苹果泥上方，将面饼铺在苹果泥上。

5.
制作蛋液（第48页）。用毛刷蘸些许蛋液，均匀地涂抹在网状面饼上。

6.
将烤炉预热至160℃（传统烤炉）。入炉烘烤45分钟。

法式苹果挞

基础知识

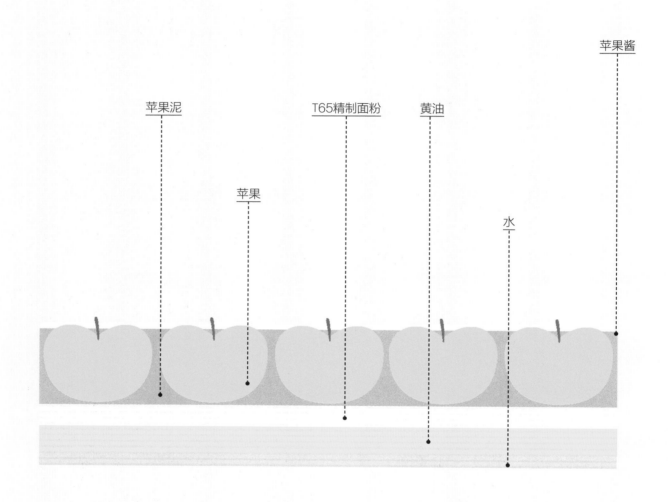

苹果酱

苹果泥　　　　　T65精制面粉　　黄油

苹果

水

定义

法式苹果挞是一种由翻转千层油酥面团辅以苹果泥和苹果薄片制成的糕点。

制作时长

准备时长：1.5小时。
低温静置时长：12小时。
烘烤时间：25分钟。

所需器具

带有搅拌钩和搅拌桨的和面机。
擀面杖。
直径10厘米的波浪形饼干模。
毛刷。

苹果薄片可以用什么替代？

杏子。
黄香李。
新鲜的梨或无花果。

难点

排列苹果薄片。

所需技巧

和面（第30—33页）。

制作诀窍

在苹果泥中加入适量切成小块的新鲜苹果，烤好后苹果挞的形状会更加丰满。

如何判断法式苹果挞是否烤好了

苹果薄片和酥皮都呈金黄色，就说明烤好了。

保质期

常温最多可保存3天。

制作流程

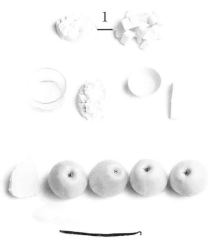

如何制作4个法式苹果挞

制作300克翻转千层油酥面团所需的原材料

用于制作黄油面团
软化的无盐黄油，切块　100克
T65精制面粉　40克

用于制作白面团
T65精制面粉　90克
软化黄油（第284页）　30克
盐　5克
冰水　40克
白醋　1克

制作苹果泥所需的原材料
苹果　180克
细砂糖　10克
黄油　15克
香草荚　半根

制作馅料所需的原材料
苹果　2或3个
苹果酱（或杏酱）　10克

1、2.
制作苹果泥（第80页）。
制作翻转千层油酥面团（第68页）。用擀面杖将面饼擀至2毫米厚。将烤炉预热至150℃（对流式烤箱）。

用波浪形饼干模在面饼上压出4个圆形小面饼。烤盘铺上烘焙纸，将4个小面饼放在烘焙纸上。
在每块面饼上涂抹一层厚厚的苹果泥，涂好后应呈中心略高四周略低的小山形。

3.
苹果削皮去核，切成薄片。

4.
将苹果薄片由外向内，一圈一圈地排列在抹有苹果泥的面饼上，上层比下层略小一圈，最终形成一个花冠形状。

5、6.
入炉烘烤25分钟。出炉后，用毛刷蘸少许苹果酱，均匀地涂抹在苹果挞表面。

国王饼

基础知识

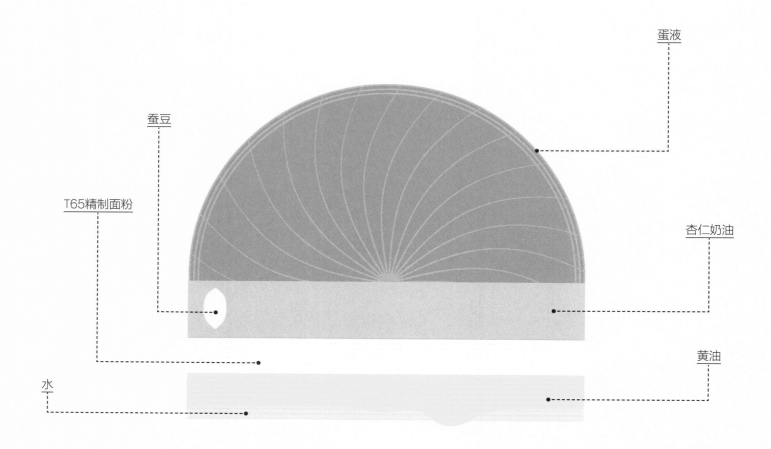

蛋液

蚕豆

T65精制面粉

杏仁奶油

黄油

水

定义

国王饼是一种由两块千层酥皮夹裹杏仁奶油制成的糕点。*

国王饼的制作时长

准备时长：30分钟。
低温静置时长：8小时。
烘烤时间：40—45分钟。

所需器具

带有搅拌钩以及搅拌桨的和面机。
擀面杖。

直径32厘米的切割模具
毛刷
8齿裱花嘴和裱花袋

国王饼的衍生品

杏仁奶油饼：⅔的杏仁奶油和⅓的卡仕达酱。

难点

如何将国王饼翻面。

所需技巧

和面（第30—33页）。
涂抹蛋液（第48页）。
搅打至乳白色（第284页）。
刻纹（第283页）。

制作诀窍

提前一晚准备好杏仁奶油，裱花时会更好操作。两块酥皮黏合前，应低温静置1小时。

如何判断国王饼是否烤好了

国王饼表皮呈金黄色，就说明烤好了。

保质期

最多1—2天（奶油完全风干前）。

*国王饼是一种法国人每年1月6日天主教主显节前后吃的一种传统甜点，饼内会放一颗蚕豆，分饼时由年纪最小的人决定谁分到哪一块，吃到"蚕豆"者成为"国王"，戴上纸做的王冠，得到他人的祝福。

制作流程

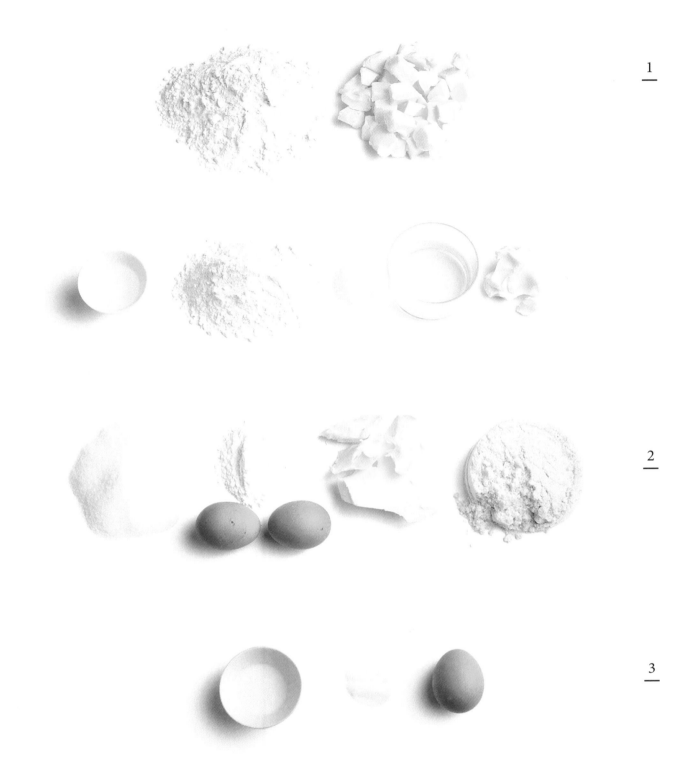

如何制作一个8人份的国王饼

1. 制作600克翻转千层油酥面团所需的原材料

用于制作黄油面团
软化的无盐黄油，切成块状　200克
T65精制面粉　80克

用于制作白面团
T65精制面粉　180克
软化的黄油　60克
盐　10克
冰水　80克
白醋　2克

2. 制作400克杏仁奶油所需的原材料

黄油　100克
杏仁粉　100克
细砂糖　100克
鸡蛋　2枚（总重100克）
玉米淀粉　10克

3. 制作蛋液所需的原材料

鸡蛋　1枚（总重50克）
牛奶　3克
盐　一小撮

制作流程

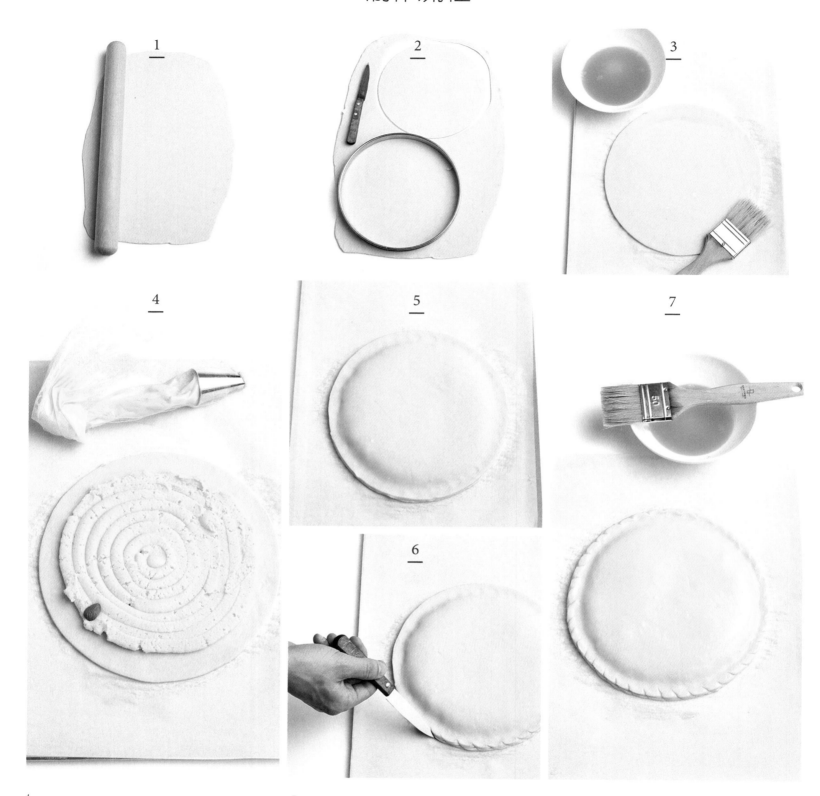

1.

制作翻转千层油酥面团（第68页）。用擀面杖将面饼擀至4毫米厚。

2.

用切割模具在方形面饼上压出2个圆形小面饼。

3.

烤盘铺上烘焙纸，将其中1个圆形小面饼放在烘焙纸上。制作蛋液（第48页）。用毛刷蘸少许蛋液，均匀地涂抹在外缘的2厘米处（第48页）。

4.

制作杏仁奶油（第78页）。将杏仁奶油填入配有8齿裱花嘴的裱花袋中。最后，以面饼的中心为起点，由内向外螺旋状挤出杏仁奶油。将一颗蚕豆轻轻嵌入杏仁奶油中。

5.

向擀面杖和另一块圆形小面饼上撒少许干面粉，用擀面杖挑起面饼，铺在杏仁奶油上。用手指轻轻地将上下两块面饼的边缘捏紧。

6.

用小刀的刀背在面饼边缘轻轻地刻出等距的豁口（第283页，刻纹）。

7.

用毛刷蘸少许蛋液，均匀地涂抹在面饼表层。烤炉预热至180℃。用小刀的刀背从面饼中心由内往外划出一道道等距的沟槽。

入炉烘烤40—45分钟。

牛奶小面包

基础知识

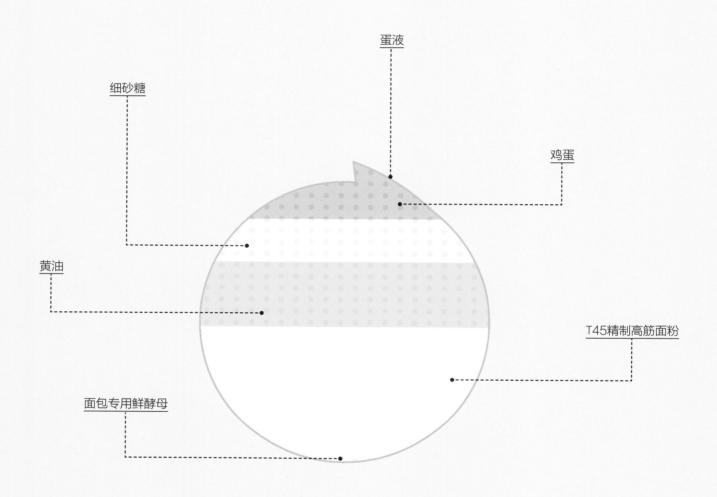

蛋液

细砂糖

鸡蛋

黄油

T45精制高筋面粉

面包专用鲜酵母

定义

牛奶小面包是一种由甜酥面团制成的短棍形面包。

牛奶小面包的特征

重量：50克。
长度：18厘米。
内部结构：紧实，湿润。

所需器具

带有搅拌钩的和面机。
毛刷。
切面刀。
剪刀。

制作时长

准备时长：45分钟。
发酵时长：一次发酵30分钟，静置一晚，1小时45分钟（低温静置15分钟，二次发酵1.5小时）。
烘烤时间：10分钟。

难点

如何在和面完成后，将黄油掺入面团而不使其融化。黄油融化后会影响面包组织的稳定性。

所需技巧

和面（第30—33页）。
折叠（第37页）。
揉圆（第38页）。
整形成短棍状（第45页）。
延展（第41页）。
涂抹蛋液（第48页）。

如何判断牛奶小面包是否烤好了

面包表面呈金黄色，就说明烤好了。

保质期

2—3天。

制作流程

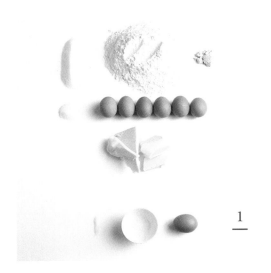

1

2

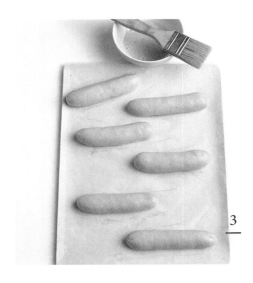

3

4

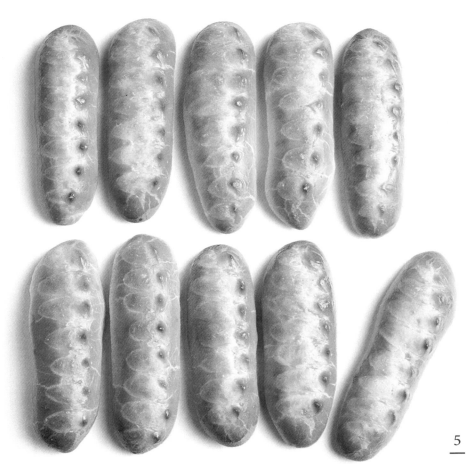

5

如何制作16个牛奶小面包

制作甜酥面团所需的原材料

T45精制高筋面粉　450克
鸡蛋　6枚（总重300克）
盐　8克
面包专用鲜酵母　14克
细砂糖　60克
软化的无盐黄油，切成块状　200克

制作蛋液所需的原材料

鸡蛋　1枚
牛奶　3克
盐　一小撮

1.
制作前一晚，将所有原材料都放入冰箱冷藏。将T45精制高筋面粉、鸡蛋、盐、揉碎的鲜酵母和细砂糖倒入和面桶中。和面机调至1挡，和面4分钟（第32页），再调至中速挡，和面6分钟。当面团从和面桶内壁掉落到桶底，说明和面成功。之后，将和面机调回1挡，倒入切成块状的无盐黄油。轻轻搅拌面团直至黄油完全混入面团。
将面团取出，倒入搅拌碗中，用保鲜膜封口，常温静置30分钟。静置结束后，对面团进行折叠（第37页），然后重新放入搅拌碗中，用保鲜膜封口，放入冰箱冷藏一晚。

2.
将面团等分为16个重约60克的小面团，分别揉圆（第38页）。再将其整形成短棍状。用保鲜膜将面团裹好，放入冰箱冷藏15分钟。

3.
将面团延展至18厘米（第41页），方法如下：将两只手掌放在面团中间，左右手分别由中心向两端揉搓面团。
将面团放在烘焙纸上。制作蛋液（第48页）。用毛刷蘸少许牛奶，均匀地涂抹在面团表面，于温暖处静置1.5小时（环境温度以25℃—28℃为宜）。

4.
将剪刀蘸满蛋液（防止粘连面团），45°入刀，在面团表面上端剪出数个深约1厘米的"V"字形豁口。

5.
将烤盘放入烤炉中，预热至180℃（传统烤炉）。取出预热好的烤盘，将面团与烘焙纸一同放在烤盘上。用毛刷蘸少许蛋液，均匀地涂抹在面团表面，入炉烘烤10分钟。

维也纳长棍面包

基础知识

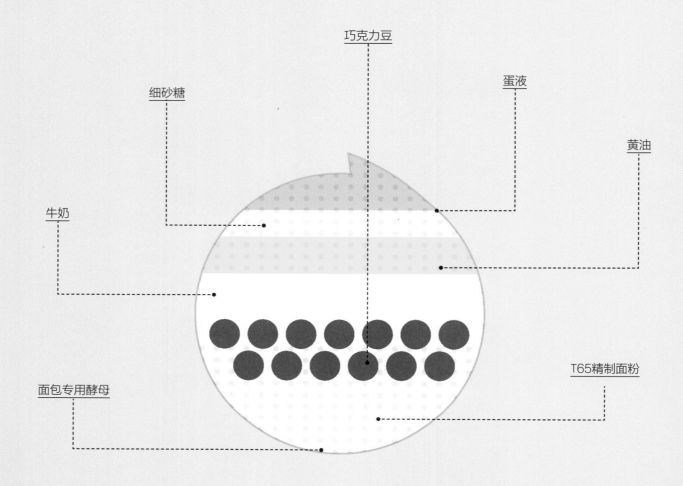

巧克力豆

蛋液

黄油

细砂糖

牛奶

T65精制面粉

面包专用酵母

定义

维也纳长棍面包是一种在维也纳面团中加入（或不加）巧克力豆制成的长棍形面包。

维也纳法棍的特征

重量：120克。
长度：25厘米。
内部结构：紧实，湿润。
表皮：非常纤薄、柔软。

制作时长

准备时长：40分钟。
发酵时长：5.5小时（低温静置4小时15分钟，二次发酵1小时15分钟）。
烘烤时间：15—20分钟。

所需器具

带有搅拌钩的和面机（可选）。
锯齿刀。
切面刀。
小漏勺。
毛刷。

所需技巧

和面（第30—33页）。
整形成长棍状（第43页）。
涂抹蛋液（第48页）。
斜纹割包（第51页）。

如何判断维也纳法棍是否烤好了

面包表面呈金黄色，就说明烤好了。

保质期

2天。

制作流程

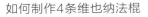

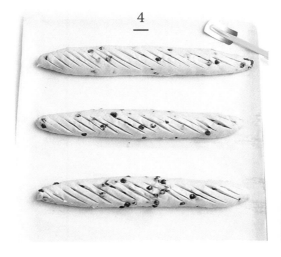

如何制作4条维也纳法棍

制作维也纳面团所需的原材料

T65精制面粉　340克
牛奶　210克
盐　7克
面包专用鲜酵母　7克
细砂糖　30克
黄油　55克

制作馅料所需的原材料（可选）

巧克力豆　90克

制作蛋液所需的原材料

鸡蛋　1枚
牛奶　3克
盐　一小撮

1.
制作维也纳面团（第60页）。
要制作巧克力味维也纳面团，则先加入黄油，加入巧克力豆，轻轻搅拌直至巧克力豆分布均匀。
将面团取出，倒入搅拌碗中，用保鲜膜封口，放入冰箱冷藏4小时。

2.
用切面刀将面团等分为4个小面团，分别整形成长棍状。用保鲜膜将面团裹好，放入冰箱冷藏15分钟。

3.
制作蛋液（第48页）。用毛刷蘸少许蛋液，均匀地涂抹在面团表面（第48页）。

4.
参照斜纹割包技巧（第51页）在面团上割划花纹。于温暖处静置1小时15分钟（环境温度以25℃—28℃为宜）。

5.
将烤盘放入烤炉中，然后预热至180℃（传统烤炉）。用毛刷蘸少许蛋液，均匀地涂抹在面团表面。

6.
取出预热好的烤盘，将面团与烘焙纸一同放在烤盘上。入炉烘烤15—20分钟。

果酱多纳滋

基础知识

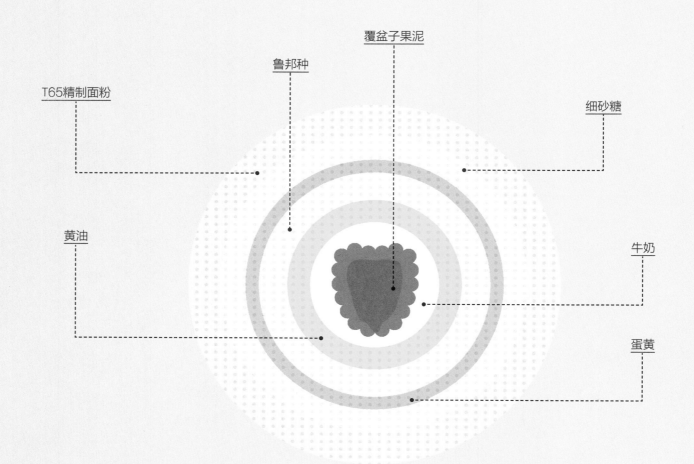

T65精制面粉

鲁邦种

覆盆子果泥

细砂糖

黄油

牛奶

蛋黄

定义

果酱多纳滋是一种由甜酥面团炸制而成的圆形小面包，表面裹有细砂糖和肉桂粉，内馅多为覆盆子果泥。

果酱多纳滋的特征

重量：100克。
直径：10厘米。
内部结构：紧实、湿润。

制作时长

准备时长：1小时。
发酵时长：5小时。
烘烤时间：20分钟。

所需器具

带有搅拌钩的和面机。
切面刀。
裱花袋和6齿裱花嘴。

覆盆子果泥可以用什么替代？

苹果泥。
卡仕达酱。
榛子巧克力酱。

难点

在油炸的过程中，适当控制油温。
填充馅料。

所需技巧

和面（第30—33页）。
整成圆形（第42页）。

制作诀窍

用手指轻轻按压面团，如果面团能够快速恢复原来的形状，且不留下任何痕迹，则证明发酵成功。

如何判断果酱多纳滋是否烤好了

面包表面呈金黄色，就说明烤好了。

保质期

常温下可保存2天。

制作流程

1

2

3

4-5

为什么果酱多纳滋外层某一圈的颜色会比其他地方浅？

在油炸的过程中，无论炸哪一面，果酱多纳滋始终都漂浮在油面上，因此与油面接触的一圈（即吃水线）颜色会比其他地方浅。

如何制作12个果酱多纳滋

1．油炸过程中所需的原材料

菜籽油　1升

2．制作面团所需的原材料

T65精制面粉　125克
蛋黄　50克
细砂糖　35克
面包专用鲜酵母　30克
黄油　35克
牛奶　20克
盐　6克

3．制作鲁邦种所需的原材料

T45精制高筋面粉　140克
面包专用鲜酵母　3克
水　90克

4．制作覆盆子果泥所需的原材料

覆盆子　250克
细砂糖　120克
果胶　3克

5．装饰面团所需的原材料

细砂糖　100克
肉桂粉　10克

制作流程

1.
制作鲁邦种，方法如下：将面粉、揉碎的鲜酵母和水混合搅拌。于24℃的环境中静置1.5小时。将制作面团所需的各种原材料（黄油除外）以及鲁邦种倒入和面桶中，和面机调至1挡，和面6—8分钟（第32页），再调至中速挡，和面6—8分钟。将黄油切成小块，倒入和面桶中，继续搅拌，直至黄油块完全融入面团中。
当面团从和面桶内壁掉落到桶底，说明和面成功。将面团取出，用食品级保鲜膜裹好，放入冰箱冷藏3小时。

2.
将面团等分为12个40克的小面团，分别整成圆形（第42页），放在撒有少许面粉的茶巾上。

3.
用另外一块茶巾盖住面团，静置松弛1.5—2小时（环境温度以25℃—28℃为宜）。静置结束之后，面团的体积会膨胀2倍。

4、5.
将菜籽油倒入锅中，加热至140℃—150℃。面团入油炸制30秒，翻面，继续炸30秒钟。用漏勺将面团捞出，放在吸油纸上。

6.
待果酱多纳滋完全冷却之后，表面均匀地裹一层细砂糖和肉桂粉。

7.
制作覆盆子果泥（第268页）。待覆盆子果泥完全冷却之后，装入裱花袋。在果酱多纳滋的侧边开个小口，通过裱花嘴将覆盆子果泥注入其中。

巴黎式布里欧修

基础知识

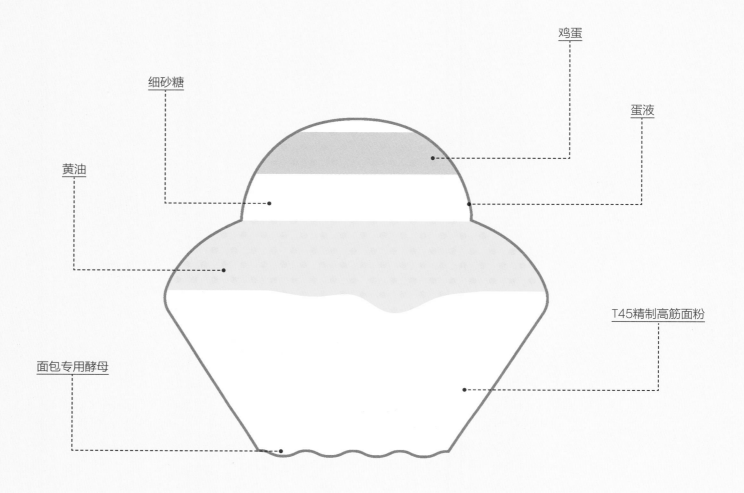

细砂糖

鸡蛋

蛋液

黄油

T45精制高筋面粉

面包专用酵母

定义

巴黎式布里欧修是一种形似葫芦，含油量较高的面包。

巴黎式布里欧修的特征

重量（小型）：50克。
重量（大型）：350克。
内部结构：紧实、绵密。

制作时长

准备时长：1小时20分钟。
发酵时长：一次发酵一晚，冷藏静置松弛15分钟，二次发酵2.5小时。
烘烤时间：10—15分钟。

所需器具

4个直径80毫米的布里欧修模具。
1个直径180毫米的布里欧修模具。
带有搅拌钩的和面机。
切面刀。
小漏勺。
毛刷。

难点

制作布里欧修的"头部"。

所需技巧

和面（第30—33页）。
整成圆形（第42页）。
涂抹蛋液（第48页）。
折叠（第37页）。

制作诀窍

整形时，应用手指轻轻将布里欧修的"头部"按入底座，以免在烘烤时向侧面倾倒，影响美观。

如何判断巴黎式布里欧修是否烤好了

面包表面呈金黄色，"头部"饱满充实，就说明烤好了。

保质期

2—3天。

制作流程

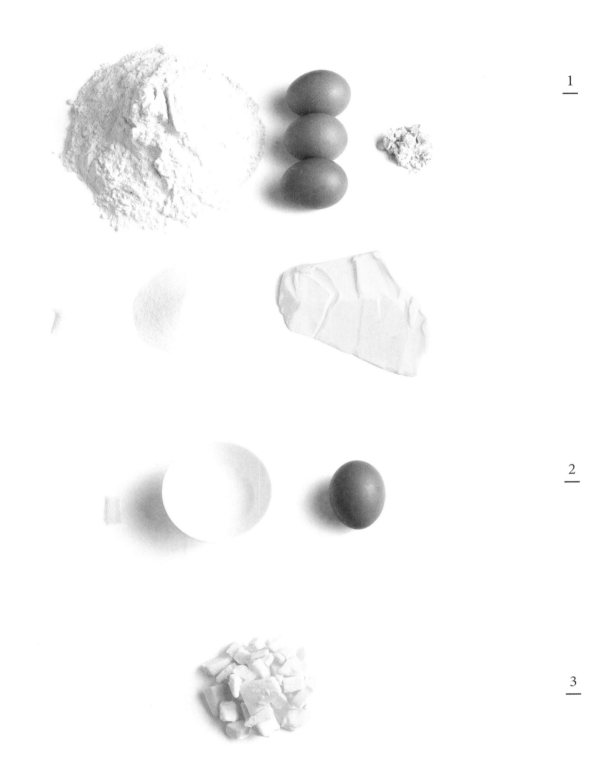

如何制作4个50克和1个350克的巴黎式布里欧修

1. 制作面团所需的原材料

T45精制高筋面粉　240克
鸡蛋　3枚
盐　5克
面包专用鲜酵母　8克
细砂糖　40克
软化的无盐黄油，切成小块　130克

2. 制作蛋液所需的原材料

鸡蛋　1枚（50克）
牛奶　3克
盐　一小撮

3. 用于润滑模具

软化的黄油

217

制作流程

1

2

3

4

5

6

7

前一晚

1.

将所有原材料放入冰箱冷藏。将面粉、鸡蛋、盐、鲜酵母和细砂糖倒入和面桶中，和面机调至1挡，和面4分钟（第32页），再调至中速挡，和面6分钟。当面团从和面桶内壁掉落到桶底，说明和面成功。

2.

将黄油切成小块，倒入和面桶中，继续搅拌直至黄油块完全融入面团中。

3.

将面团取出，倒入搅拌碗中，用保鲜膜封口（第285页），静置30分钟。之后，对面团进行折叠（第37页）。将折叠好的面团重新放入搅拌碗中，用保鲜膜封口，放入冰箱冷藏一晚。

制作当天

4.

用切面刀将面团分成4个50克、1个300克和1个100克的面团，分别整成圆形（第42页），用食品级保鲜膜裹好，放入冰箱冷藏15分钟。

5.

用毛刷蘸少许软化的黄油，均匀地涂抹在模具内壁。先为4个小面团整形，用手指在每个面团的⅔处捏一下，使剩下的⅓形成一个圆球形（不要将面团捏断）。之后，将300克的面团整形成花冠状（第46页），再将100克的面团整形成梨形。

6.

将4个小面团放入模具中，圆球部分向上。将花冠形面团放入模具中，再将梨形面团较细的一端插入花冠形面团的中心，尖头朝下。用手指轻轻按压5个凸起的圆球，将圆球按入底座中，顶端与四周持平。

7.

制作蛋液（第48页）。用毛刷蘸少许蛋液，均匀地涂抹在布里欧修表面（第48页）。于温暖处静置2.5小时（二次发酵，环境温度以25℃—28℃为宜）。

将烤盘放入烤炉中，预热至260℃（传统烤炉）。取出预热好的烤盘，将布里欧修放在烤盘上。用毛刷蘸少许蛋液，均匀地涂抹在布里欧修表面。入炉烘烤10—15分钟。出炉后，至少冷却5分钟再脱模。

杏仁糖布里欧修

基础知识

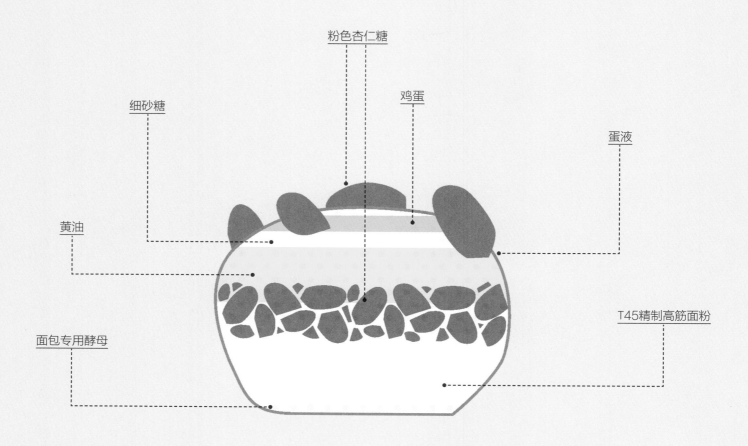

粉色杏仁糖

细砂糖

鸡蛋

蛋液

黄油

面包专用酵母

T45精制高筋面粉

定义

杏仁糖布里欧修是一种由布里欧修面团辅以粉色杏仁糖制成的圆形面包。

杏仁糖布里欧修的特征

重量：40克。
大小：不定。
内部结构：饱满、绵密。

制作时长

准备时长：1小时10分钟。
发酵时长：14.5小时（一次发酵一晚，二次发酵2.5小时）。
烘烤时间：10分钟。

所需器具

带有搅拌钩的和面机。
毛刷。
切面刀。
小漏勺。

难点

确保杏仁糖在烘烤过程中不会从面团上脱落。

所需技巧

和面（第30—33页）。
折叠（第37页）。
整成圆形（第42页）。
涂抹蛋液（第48页）。

杏仁糖可以用什么替代？

巧克力豆布里欧修：和面时加入巧克力豆，步骤在加入黄油之后。

保质期

2—3天。

如何判断杏仁糖布里欧修是否烤好了

杏仁糖布里欧修表面呈金黄色，就说明烤好了。

制作流程

1

2

3

如何制作4个杏仁糖布里欧修

1. 制作布里欧修面团所需的原材料

T45精制高筋面粉　80克
鸡蛋　1枚
盐　2克
面包专用鲜酵母　3克
细砂糖　15克
常温的无盐黄油，切成小块　40克

2. 制作蛋液所需的原材料

鸡蛋　1枚
牛奶或奶油　3克
盐　一小撮

3. 制作馅料所需的原材料

粉色杏仁糖，粗粗切碎　60克

制作流程

1   2   3

4   5   6

前一晚

1.

将所有原材料放入冰箱冷藏。将面粉、鸡蛋、盐、鲜酵母和细砂糖倒入和面桶中。和面机调至1挡，和面4分钟（第32页），再调至中速挡，和面6分钟。

将和面速度重新调至1挡。软化的黄油切成小块，倒入和面桶中，继续搅拌直至黄油块完全融入面团中。

2.

将面团取出，倒入搅拌碗中，在常温下一次发酵30分钟，然后对面团进行折叠（第37页）。折叠好的面团重新放入碗中，用保鲜膜封口，放入冰箱冷藏一晚。

制作当天

3.

将面团等分为4个60克的小面团，分别整成圆形（第42页）。如果整形后的面团温度过高，可放入冰箱冷藏15分钟。

用手掌将面团压成直径10厘米的圆形面饼，撒上适量的杏仁糖，均匀铺开，用手指轻轻按压杏仁糖使其贴合面饼。

4.

用手指将面饼的四周捏起，像包包子一样，将杏仁糖包起来，揉圆。

5.

将揉成球形的布里欧修面团放在烘焙纸上，接缝线朝下。制作蛋液（第48页）。用毛刷蘸少许蛋液，均匀地涂抹在面团表面。于温暖处静置2.5小时（二次发酵，环境温度以25℃—28℃为宜）。

6.

将烤盘放入烤炉中，预热至180℃（传统烤炉）。取出预热好的烤盘，将面团与烘焙纸一同放在烤盘上。再次用毛刷蘸少许蛋液，均匀地涂抹在面团表面。在面团表面撒少许杏仁糖，用手指轻轻按压贴实。将烤炉温度设为180℃，入炉烘烤10分钟。

辫子布里欧修

基础知识

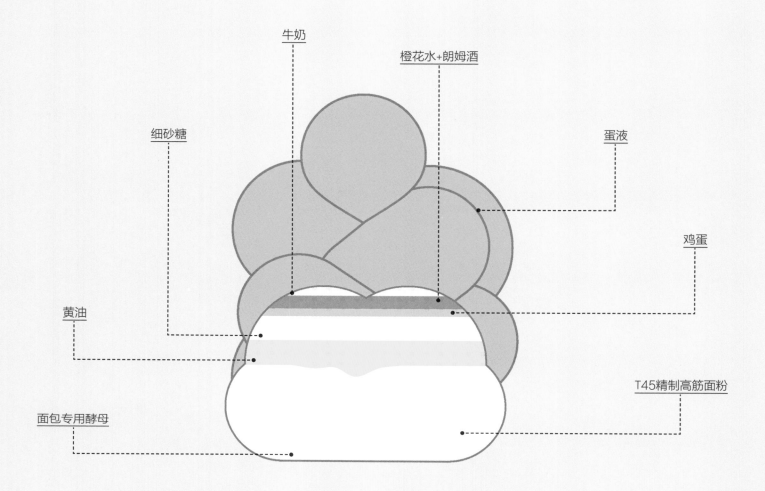

牛奶

橙花水+朗姆酒

细砂糖

蛋液

鸡蛋

黄油

T45精制高筋面粉

面包专用酵母

定义

辫子布里欧修是一种以橙花水和朗姆酒调味的3股辫子布里欧修面包。

辫子布里欧修的特征

重量：350克。
长度：40厘米。
内部结构：紧致、绵密。

制作时长

准备时长：前一晚1小时，制作当天1小时。
发酵时长：一次发酵1晚，二次发酵4小时。
烘烤时间：25—30分钟。

所需器具

带有搅拌钩的和面机。
刮刀。
切面刀。
小漏勺。
毛刷。

难点

编辫子时掌握好松紧，让面团在烘烤时能够继续膨发。

所需技巧

和面（第30—33页）。
刮取（第282页）。
折叠（第37页）。
涂抹蛋液（第48页）。

保质期

2—3天。

如何判断辫子布里欧修是否烤好了

面包表皮呈金黄色，其余部分略微泛白且湿润，就说明烤好了。

为什么辫子布里欧修的内部结构如此紧致结实？

因为"编辫子"这一动作改变了麸质蛋白间的网状结构，每编一次辫子，组织便会被拉伸一次。

制作流程

<u>1</u>

<u>2</u>

如何制作1个辫子布里欧修

1．制作布里欧修面团所需的原材料

T45精制高筋面粉　170克
常温的无盐黄油　50克
鸡蛋　2枚
细砂糖　40克
牛奶　10克
橙花水　2克
朗姆酒　10克
面包专用鲜酵母　10克
盐　3克

2．制作蛋液所需的原材料

鸡蛋　1枚
牛奶　3克
盐　一小撮

制作流程

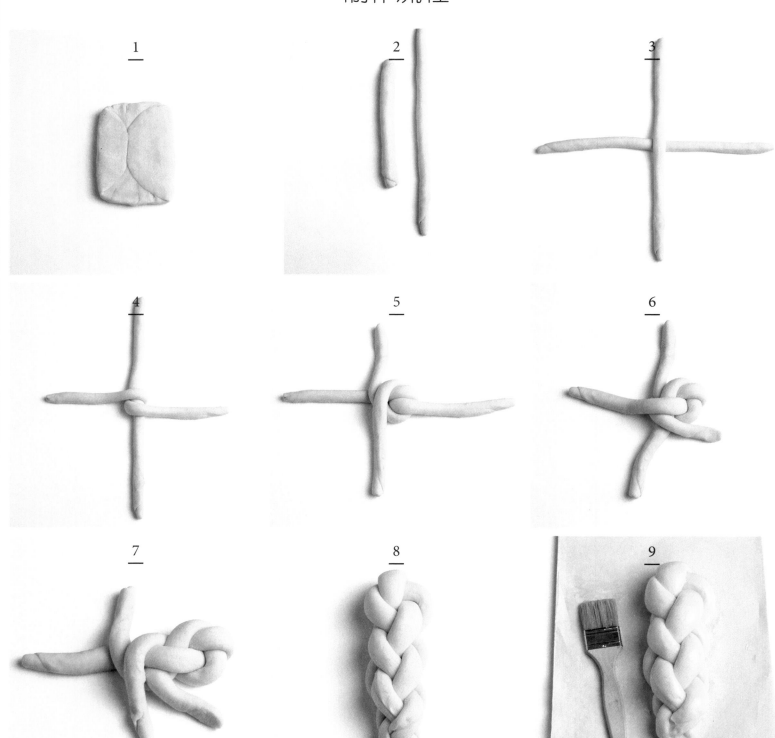

前一晚

1.

将面粉、鸡蛋、细砂糖、牛奶、橙花水、朗姆酒、鲜酵母和盐倒入和面桶中。

和面机调至1挡，和面4分钟（第32页），再调至中速挡，和面8分钟，面团从和面桶内壁掉入桶底，就说明面和好了。在和面的过程中，应时不时地用刮刀将和面桶内壁上的零星面团刮下。

和面机调回1挡。将软化的黄油切成小块，倒入和面桶中，继续搅拌直至黄油块完全融入面团中。

将面团取出，倒入撒有少许干面粉的搅拌碗中，用保鲜膜封口，常温静置1小时。

对面团进行折叠（第37页）。然后重新放回搅拌碗中，用保鲜膜封住（第285页），放入冰箱冷藏一晚。

制作当天

2.

用切面刀将面团等分为2个小面团，用手掌轻轻揉搓，延展为60厘米的长条状。

3.

将这两根长条状面团交叉摆成十字形，垂直地压住水平的那根。

4.

从水平的一条开始编，先将左侧向右折，再将右侧向左折。

5.

接下来编垂直的一条，先将上端向下折，再将下端向上折。

6.

重复步骤5：将左侧向右折，再将右侧向左折。

7.

重复步骤6：将上端向下折，再将下端向上折。

8.

继续编辫子，最后将剩余的底部捏合在一起。

9.

制作蛋液（第48页）。用毛刷蘸少许蛋液，均匀地涂抹在辫子面团上。将辫子面团放在烘焙纸上，于温暖处静置4小时（二次发酵，环境温度以25℃—28℃为宜）。

将烤盘放入烤炉中，预热至180℃（对流式烤箱）。取出预热好的烤盘，将面团与烘焙纸一同放在烤盘上。再次用毛刷蘸少许蛋液，均匀地涂抹在面团表面。入炉烘烤25—30分钟。

千层布里欧修

基础知识

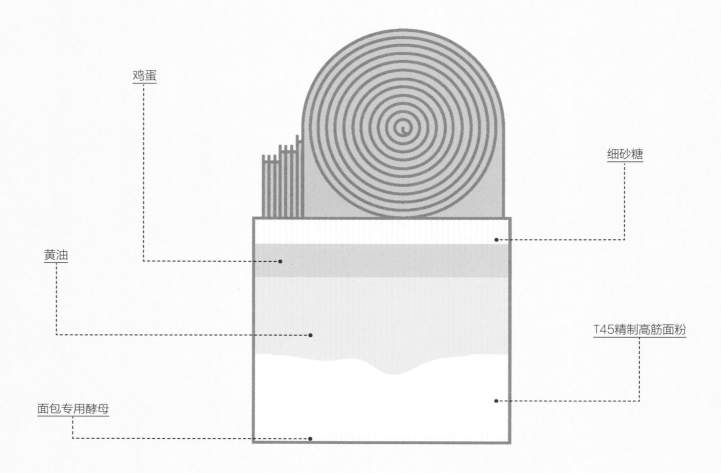

鸡蛋

黄油

面包专用酵母

细砂糖

T45精制高筋面粉

定义

千层布里欧修是一种由布里欧修面团加黄油层制成油酥面团后烘烤而成的面包。

千层布里欧修的特征

重量：400克。
直径：10厘米。
内部结构：明显的蜂窝状气孔。
表皮：层次丰富。

制作时长

准备时长：45分钟。
发酵时长：3小时（一次发酵30分钟，低温静置1小时，二次发酵1.5小时）。
烘烤时间：35分钟。

所需器具

带有搅拌钩的和面机（可选）。
擀面杖。
直径15厘米的烘焙纸模。
小漏勺。
毛刷。

难点

将面饼擀平时确保不混酥。

所需技巧

和面（第30—33页）。
折叠（第37页）。
涂抹蛋液（第48页）。

如何判断千层布里欧修是否烤好了

如果布里欧修表皮呈金黄色，且体态饱满的话，就说明烤好了。

制作流程

1

2

3-4

如何制作1个千层布里欧修

1. 制作布里欧修面团所需的原材料

T45精制高筋面粉　180克
鸡蛋　2枚（总重100克）
盐　3克
面包专用鲜酵母　6克
细砂糖　30克
常温的无盐黄油　90克

2. 起酥所需的原材料

无盐黄油　100克

3. 装饰面团所需的原材料

糖粉

制作蛋液所需的原材料

鸡蛋　1枚
牛奶　3克
盐　一小撮

制作流程

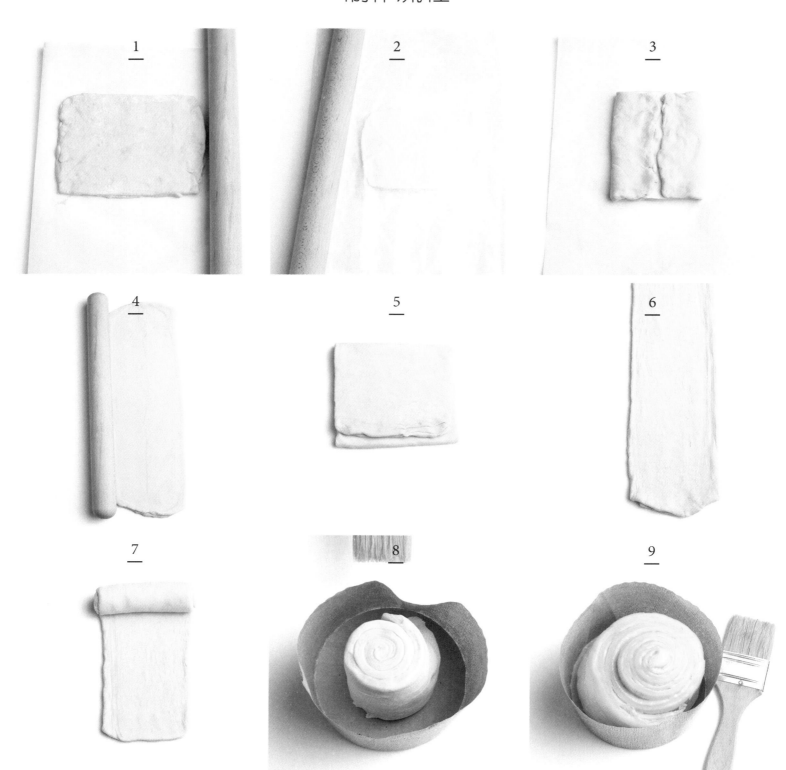

1.

制作布里欧修面团（第66页）。用擀面杖将面团擀成30厘米×20厘米的长方形。

2.

用擀面杖轻敲黄油使其软化。

3.

将黄油擀成15厘米×20厘米的长方形，放在面饼的中心处。将面饼的两侧向中间折叠，折叠后形成的接缝线应处于黄油层正中位置，与身体垂直。

4.

用三折法处理面饼，方法如下：用擀面杖沿接缝线方向由内向外擀压面团，直至面饼的长度达到宽度的3倍。

5.

将面饼折三折，用食品级保鲜膜裹好，放入冰箱冷藏20分钟。再用三折法处理一次面饼：用擀面杖沿接缝线方向由内向外擀压面团。再将面饼折三折，用食品级保鲜膜裹好，放入冰箱冷藏20分钟。最后一次用三折法处理面饼，然后用食品级保鲜膜裹好，放入冰箱冷藏20分钟。

6.

用擀面杖将面饼擀成宽10厘米、厚0.5—1厘米的长方形。

7.

将面饼紧紧地卷起来。

8.

将面卷立起来放入烘焙纸模中。制作蛋液（第48页），用毛刷蘸少许蛋液，均匀地涂抹在面卷上。用干净的茶巾盖住面卷，于温暖处静置2.5小时（二次发酵，环境温度应以25℃—28℃为宜）。

9.

将烤炉预热至180℃（传统烤炉）。用毛刷蘸少许蛋液，均匀地涂抹在面卷表面。入炉烘烤35分钟。出炉后待布里欧修彻底冷却，再在表面撒少许糖粉。

小糖饼

基础知识

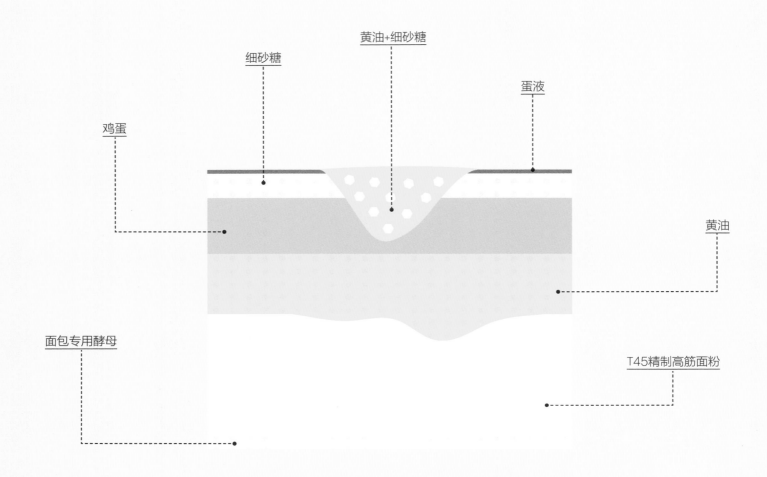

鸡蛋

细砂糖

黄油+细砂糖

蛋液

黄油

面包专用酵母

T45精制高筋面粉

定义

小糖饼是一种由布里欧修面团制成的小圆饼，需使用大量的黄油和细砂糖。

小糖饼的特征

重量：50克。
直径：15厘米。
内部结构：紧实、湿润。

制作时长

准备时长：50分钟。
发酵时长：15小时（一次发酵一晚，静置松弛30分钟，二次发酵2.5小时）。
烘烤时间：5—7分钟。

所需器具

带有搅拌钩的和面机（可选）。
切面刀。
擀面杖。
小漏勺。
毛刷。

难点

擀制面饼。

所需技巧

和面（第30—33页）。
折叠（第37页）。
揉圆（第38页）。
涂抹蛋液（第48页）。

制作诀窍

在擀压面团的过程中，应时不时地顺着同一个方向旋转面团，使擀压出来的圆形面饼形状均匀。

如何判断小糖饼是否烤好了

小糖饼表面呈金黄色，就说明烤好了。

保质期

常温下可保存1—2天。

制作流程

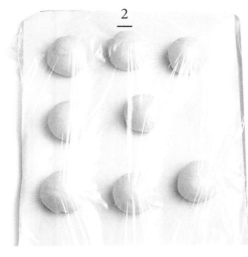

如何制作8个小糖饼

制作布里欧修面团所需的原材料

T45精制高筋面粉　245克
鸡蛋　3枚
盐　5克
面包专用鲜酵母　8克
细砂糖　40克
常温黄油　120克

制作馅料所需的原材料

黄油　80克
细砂糖（或红糖）　65克

制作蛋液所需的原材料

鸡蛋　1枚（50克）
牛奶　3克
盐　一小撮

1.
制作布里欧修面团（第66页）。切取560克布里欧修面团，用切面刀等分为8个70克的小面团，分别揉圆（第38页）。

2.
用保鲜膜将8个小面团裹好，放入冰箱冷藏至少30分钟。

3.
在操作台及面团表面撒少许干面粉，用擀面杖将面团擀成小圆饼（厚度应为5毫米左右）。

4.
将面饼放在烘焙纸上，盖上干净的茶巾，于温暖处静置2.5小时（二次发酵，环境温度以25℃—28℃为宜）。
将烤炉预热至180℃（传统烤炉）。制作蛋液（第48页）。用毛刷蘸少许蛋液，均匀地涂抹在面饼表面。

5.
用食指和中指在面饼表面戳出5个小坑，然后将重为2克的黄油块塞入小坑中，再撒上一些细砂糖（8克左右）。

6.
入炉烘烤5—7分钟。

波尔多式布里欧修

基础知识

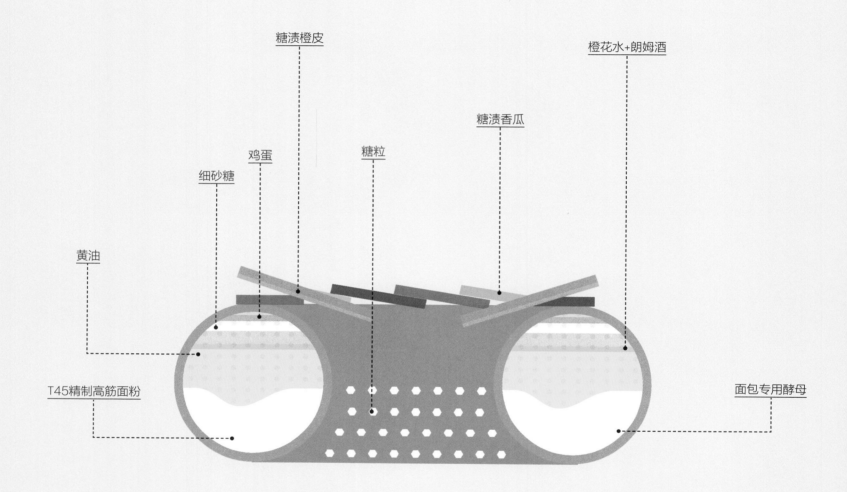

糖渍橙皮

橙花水+朗姆酒

鸡蛋

糖渍香瓜

细砂糖

糖粒

黄油

T45精制高筋面粉

面包专用酵母

定义

波尔多式布里欧修是一种以布里欧修面团为基底，以橙花水和朗姆酒调味，表面以大量糖渍水果和糖粒作为装饰的圆环形面包。

制作时长

准备时长：10分钟。

发酵时长：一晚+2小时（一次发酵30分钟，低温静置一晚，二次发酵1.5小时）。

烘烤时间：30分钟。

波尔多式布里欧修的特征

重量：500克。

大小：内径25厘米。

内部结构：软硬适中。

所需器具

带有搅拌钩的和面机。

小漏勺。

毛刷。

难点

和面完成后，黄油完全混入面团而不融化。

所需技巧

和面（第30—33页）。

折叠（第37页）。

揉圆（第38页）。

整形成花冠状（第46页）。

涂抹蛋液（第48页）。

如何判断波尔多式布里欧修是否烤好了

如果布里欧修表面呈金黄色，就说明烤好了。

保质期

常温下可保存2天。

制作流程

1

2

3

5

4

7

如何制作1个波尔多式布里欧修

制作布里欧修面团所需的原材料

T45精制高筋面粉　200克
鸡蛋　2枚
盐　4克
面包专用鲜酵母　6克
细砂糖　15克
黄油　120克
橙花水　20克
朗姆酒　10克
橙皮　45克
柠檬皮碎屑　5克

制作蛋液所需的原材料

鸡蛋　1枚
牛奶　3克
盐　一小撮

装饰面团所需的原材料

糖粒　50克
糖渍橙皮和糖渍香瓜　20克

1.

提前两天将所有原材料放入冰箱冷藏。制作布里欧修面团（第66页）。和面时先加入橙花水和朗姆酒调味，再加入橙皮和柠檬汁，持续搅拌，直至全部食材与面团充分混合。面团制作完毕后，静置30分钟，再进行折叠（第37页）。最后，用保鲜膜将其裹好，放入冰箱冷藏至第二天。

2.

将面团揉圆（第38页），放入冰箱冷藏30分钟。用食指蘸少许干面粉，在面团中心戳个孔。

3.

将面团整形成花冠状（第46页），圆环的内径应为8厘米。

4.

将面团放在烘焙纸上。制作蛋液（第48页）。用毛刷蘸少许蛋液，均匀地涂抹在面团表面（第48页）。于温暖处静置1.5小时（二次发酵，环境温度以25℃—28℃为宜）。

用毛刷蘸少许蛋液，均匀地涂抹在面团表面。在面团的外缘均匀地撒上适量的糖粒，并在表面铺一层糖渍水果片。

5.

将烤盘放入烤炉中，并预热至260℃（传统烤炉）。取出预热好的烤盘，将面团与烘焙纸一同放在烤盘上。入炉烘烤30分钟。

特罗佩奶油挞

基础知识

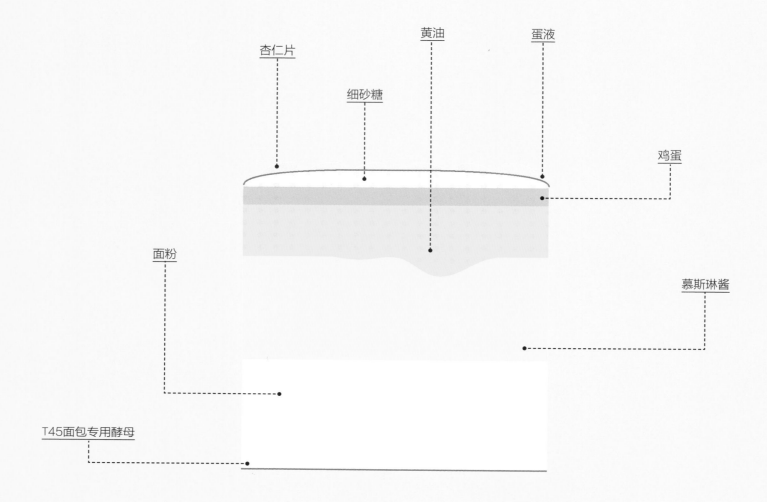

杏仁片

细砂糖

黄油

蛋液

鸡蛋

面粉

慕斯琳酱

T45面包专用酵母

定义

特罗佩奶油挞是一种以布里欧修面团为基底，中间夹裹经橙花水和香草调味的慕斯琳酱制成的面包，表面装饰有杏仁片。

制作时长

准备时长：25分钟。
发酵时长：一次发酵1晚，静置松弛30分钟，二次发酵1.5小时。
烘烤时间：35分钟。

特罗佩奶油挞的特征

重量：800克。
直径：24厘米。
内部结构：紧实、湿润。

所需器具

带有搅拌钩的和面机（可选）。
擀面杖。
直径24厘米的挞皮切割模具。
毛刷。
抹刀。

所需技巧

和面（第30—33页）。
折叠（第37页）。
整成圆形（第42页）。
涂抹蛋液（第48页）。
搅打至乳白色（第284页）。

如何判断特罗佩奶油挞是否烤好了

面包表皮呈金黄色，奶油洁白绵密，就说明烤好了。

保质期

冷藏保存2—3天。

制作流程

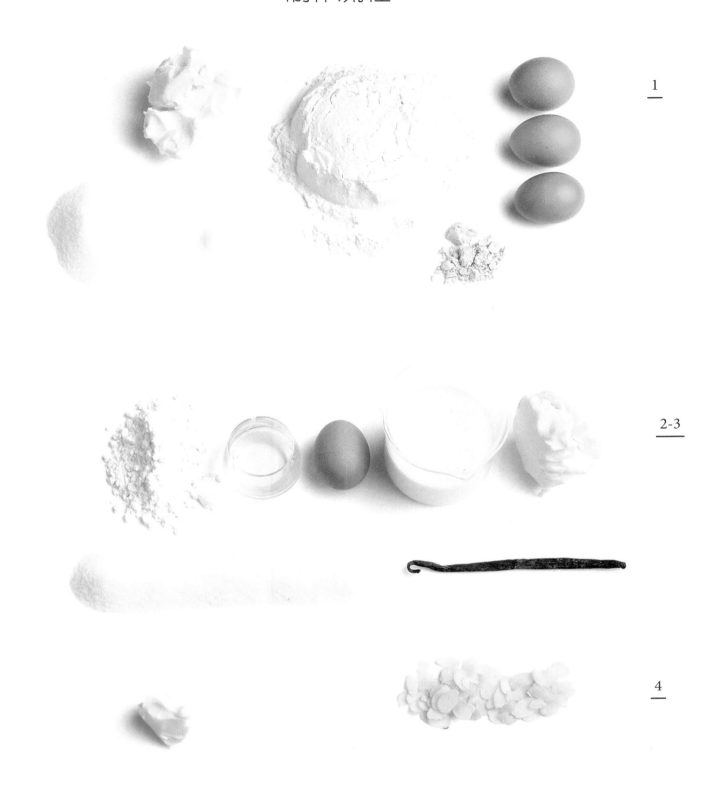

1

2-3

4

如何制作8个特罗佩奶油挞

1. 制作500克布里欧修面团所需的原材料

T45精制高筋面粉　220克
鸡蛋　3枚
盐　4克
面包专用鲜酵母　7克
细砂糖　35克
软化的无盐黄油　110克

2. 制作蛋液所需的原材料

鸡蛋　1枚（总重50克）
牛奶　3克
盐　一小撮

3. 制作慕斯琳酱所需的原材料

牛奶　250克
鸡蛋　1枚
细砂糖　80克
玉米淀粉　25克
橙花水　10克
黄油　125克
香草荚　半根

4. 装饰面团所需的原材料

软化的无盐黄油　10克
杏仁片　10克

制作流程

前一天

制作布里欧修面团（第66页）。

制作当天

1.

将面团取出，整成圆形（第42页），用擀面杖轻轻
将面团擀成圆形的面饼。将挞皮切割模具放在烘焙
纸上，再将压平的面团放入模具中。

制作蛋液（第48页）。用毛刷蘸少许蛋液，均匀地
涂抹在面团表面。于温暖处静置1.5小时（二次发
酵，环境温度以25℃—28℃为宜）。

2.

再次用毛刷蘸少许蛋液，均匀地涂抹在面团表面，
再均匀地撒上适量的杏仁片。烤炉预热至160℃，
将面团入炉烘烤35分钟，出炉后静置冷却。

3.

制作慕斯琳酱，方法如下：将鸡蛋、细砂糖、玉米
淀粉和橙花水倒入搅拌碗中搅拌均匀。

4.

将牛奶和香草荚（香草荚应当事先剖开去籽）倒
入煮锅中，小火煮开，加入步骤4中的搅拌碗中搅
拌。将搅拌好的混合物重新倒入煮锅中，加热2分
钟（加热时应不断搅拌慕斯琳酱，以防粘锅）。

5.

往慕斯琳酱中倒入62.5克黄油，进行搅拌。

6.

将慕斯琳酱倒入干净的搅拌碗中，表面覆盖保鲜膜
（第285页），以防表面风干。常温静置直至冷却。

7.

将慕斯琳酱倒入和面桶中，再加入剩余的62.5克黄
油，充分搅拌。这样可以使慕斯琳酱更加浓稠。

8.

用锯齿刀将布里欧修面包从中间横向剖开，然后用
抹刀在下层的剖面上抹厚厚的一层慕斯琳酱。最
后，将上层盖在涂抹好的慕斯琳酱上，布里欧修面
包重新合成一体。

咕咕霍夫

基础知识

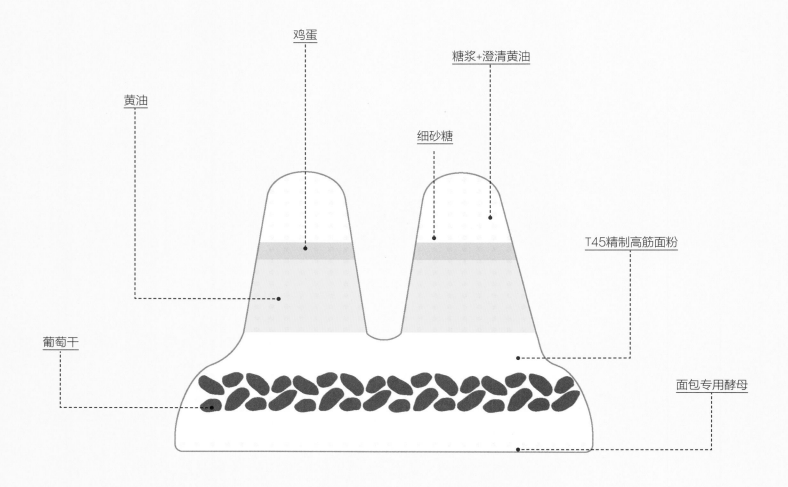

鸡蛋

糖浆+澄清黄油

黄油

细砂糖

T45精制高筋面粉

葡萄干

面包专用酵母

定义

咕咕霍夫是一种在布里欧修面团中加入葡萄干制成的糕点。制作时需要使用专用模具。烘烤过后还需放入糖浆和澄清黄油中浸泡，并在表面撒一层糖粉。

咕咕霍夫的特征

重量：300克。
直径：15厘米。
内部结构：紧致结实。

所需器具

带有搅拌钩的和面机（可选）。
毛刷。
直径15厘米的咕咕霍夫模具。

制作时长

准备时长：1小时。
发酵时长：一晚+3.5小时（一次发酵30分钟，低温静置松弛30分钟，二次发酵2.5小时）。
烘烤时间：30分钟。

所需技巧

和面（第30—33页）。
折叠（第37页）。
整成圆形（第42页）。

如何判断咕咕霍夫是否烤好了

面包外皮略呈金黄色，就说明烤好了。

保质期

用保鲜膜密封保存2—3天。

为什么浸泡糖浆应先于澄清黄油？

浸泡能够令咕咕霍夫的口感更好，质地更柔软。由于糖不会在油质中溶解，浸泡须分为两个阶段，浸泡糖浆应先于澄清黄油。如果将黄油与糖混合后再浸泡，糖不但无法浸入面包，还会形成结晶，影响口感。

制作流程

2

3

如何制作1个300克的咕咕霍夫

1．制作面团所需的原材料

T45精制高筋面粉　140克
鸡蛋　2枚
盐　3克
面包专用鲜酵母　4克
细砂糖　20克
黄油　70克
葡萄干　30克

2．制作糖浆所需的原材料

细砂糖　50克
水　50克

3．装饰面团所需的原材料

黄油　20克
糖粉　10克

润滑模具所需的原材料

软化的无盐黄油　10克

制作流程

1

2

3

4

5

6

前一晚

1.

葡萄干放入温水中浸泡。其余原材料放入冰箱冷藏。

制作布里欧修面团（第66页）。和面结束后，将沥干水分的葡萄干加入面团中搅拌，直至葡萄干分布均匀。将面团放在撒有少许干面粉的操作台上，盖上干净的茶巾。

对面团进行折叠（第37页）。将面团放入搅拌碗中，用保鲜膜封口，放入冰箱冷藏一晚。

制作当天

2.

将面团整成圆形（第42页），重新放入搅拌碗中，用保鲜膜封口，再放入冰箱冷藏30分钟。

3.

用毛刷蘸少许软化黄油，均匀地涂抹在模具内壁。用大拇指在面团中心戳个孔。将面团翻转过来，放入模具中。用手指用力按压面团，使面团与模具完美贴合。

4.

用干净的茶巾盖住面团，于温暖处静置2—2.5小时（二次发酵，环境温度以25℃—28℃为宜）。

5.

烤炉预热至160℃（对流式烤箱），面团入炉烘烤30分钟。烤好后脱模，冷却。

制作澄清黄油（第284页）。

制作糖浆：将水和细砂糖倒入煮锅中，大火煮开即可。将咕咕霍夫放入糖浆中浸泡5—10秒钟。

6.

将咕咕霍夫从糖浆中取出沥干（时间约为30秒钟），再放入澄清黄油中浸泡5—10秒钟。

从澄清黄油中取出沥干（时间约为30秒钟），静置5—10分钟使表面的黄油有充足的时间凝固。最后，在咕咕霍夫表面撒一层糖粉。

潘妮托尼面包

基础知识

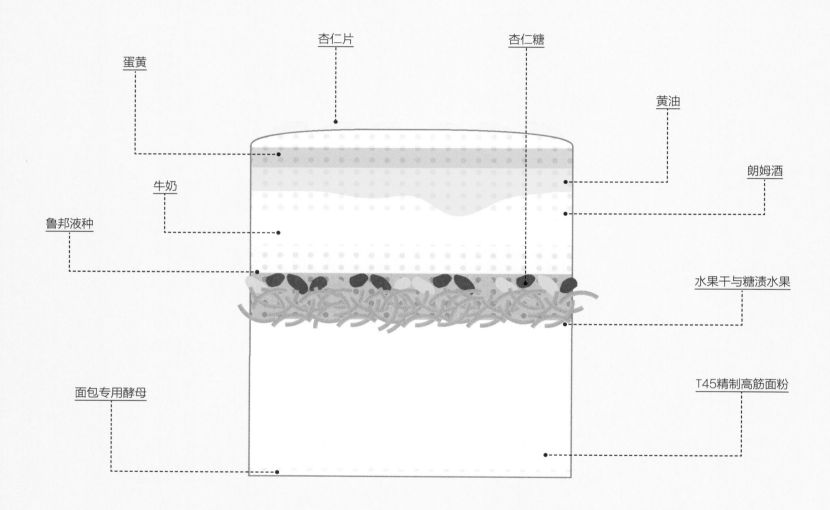

蛋黄

杏仁片

杏仁糖

黄油

牛奶

朗姆酒

鲁邦液种

水果干与糖渍水果

面包专用酵母

T45精制高筋面粉

定义

潘妮托尼面包是一种在布里欧修面团中加入糖渍水果、葡萄干和朗姆酒制成的意式面包。

潘妮托尼面包的特征

重量：500克。
直径：20—25厘米。
内部结构：紧实、湿润。

制作时长

准备时长：45分钟。
发酵时长：3小时（一次发酵1小时，二次发酵2小时）。
静置时长：2晚。
烘烤时间：45分钟。

所需器具

带有搅拌钩的和面机。
大号蛋糕模具（600克）。
裱花袋。

所需技巧

和面（第30—33页）。
折叠（第37页）。
整成圆形（第42页）。

潘妮托尼面包的衍生品

迷你潘妮托尼面包：总重80克，只需烘烤25分钟。

没有鲁邦液种该如何应对

如果没有鲁邦液种的话，则需要多准备5克面包专用鲜酵母和20克水。

制作诀窍

如果朗姆酒没有完全被水果干所吸收，应先将水果干沥干，再加入面团。

如何判断潘妮托尼面包是否烤好了

面包外皮呈金黄色，就说明烤好了。

保质期

保鲜膜密封保存1周。

制作流程

如何制作1个潘妮托尼面包

1. 制作面团所需的原材料

T45精制高筋面粉　180克
全脂牛奶　50克
细砂糖　40克
盐　3克
面包专用鲜酵母　5克
鲁邦液种（第20页）　50克
蛋黄　3枚
黄油　60克

2. 制作水果馅料所需的原材料

葡萄干　35克
糖渍橙子　70克
朗姆酒　15克

3. 制作表层面糊所需的原材料

细砂糖　90克
杏仁糖　25克
面粉　15克
蛋清　1份

4. 装饰面团所需的原材料

杏仁片　30克

制作流程

两天前

1.
将葡萄干、糖渍橙子和朗姆酒倒入搅拌碗中，浸泡一晚。

前一晚

2.
将面粉、全脂牛奶、细砂糖、盐、揉碎的鲜酵母、鲁邦液种和蛋黄倒入和面桶中，然后将和面机调至中速挡，和面6分钟。将黄油切成小块，倒入和面桶中，继续以中速搅拌，直至面团从和面桶内壁掉入底端。

3.
将浸泡的水果干捞出沥干，加入和面桶中，将和面速度调至1挡，继续搅拌直至水果干分布均匀。

4.
将面团取出，倒入搅拌碗中，用保鲜膜封口，于温暖处静置1小时（环境温度以25℃—28℃为宜）。

5.
对面团进行折叠（第37页），将面团重新放入搅拌碗中，用保鲜膜封口，放入冰箱冷藏一晚。

制作当天

6.
将面团整成圆形（第42页），放入模具中。

7.
用干净的茶巾盖住面团，于温暖处静置3小时（二次发酵，环境温度以25℃—28℃为宜）。

8.
将烤炉预热至180℃（传统烤炉）。制作表层面糊：将细砂糖、杏仁糖和面粉倒入搅拌碗中，再加入蛋清，充分搅拌直至面糊质地均匀。

9.
用勺子舀起面糊浇在面团表面上，并涂抹均匀。最后，在面团表面均匀地撒一层杏仁片，入炉烘烤45分钟。

开心果杏挞

基础知识

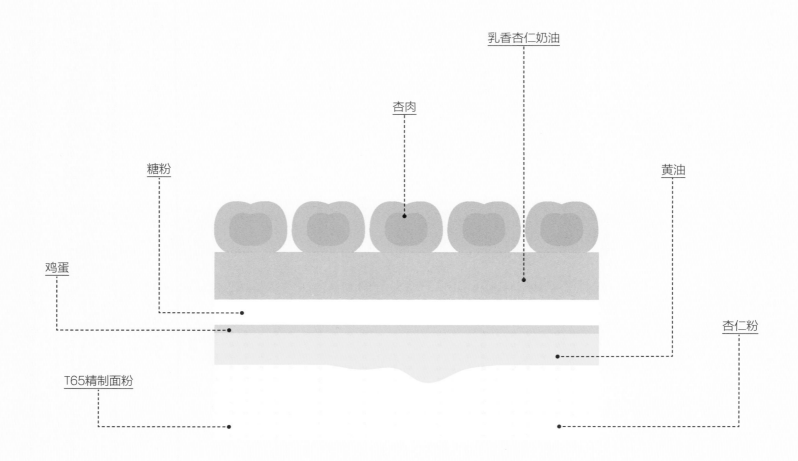

乳香杏仁奶油

杏肉

黄油

糖粉

鸡蛋

杏仁粉

T65精制面粉

定义

开心果杏挞是一种由甜酥面团、乳香杏仁奶油和切成四瓣的杏肉制成的糕点。

制作时长

准备时长：1小时。
静置时长：4小时。
烘烤时间：35—40分钟。

所需器具

带有搅拌钩以及搅拌桨的和面机（可选）。
打蛋器。
擀面杖。
直径20厘米的挞皮模具。
裱花袋和8毫米圆形裱花嘴。

难点

铺挞皮。
掌握烘烤时间。

所需技巧

和面（第30—33页）。
搅打至乳白色（第284页）。
铺挞皮（第283页）。

制作诀窍

要用对半切开的罐装杏肉代替新鲜杏肉，一定要确保其表面干燥。

如何判断开心果杏挞是否烤好了

杏肉边缘变成焦糖色，挞皮呈金黄色，就说明烤好了。

保质期

冷藏保存2—3天。

杏仁奶油入炉烘烤后，会出现何种变化？

鸡蛋中所含的蛋白质会凝固，淀粉会变得更浓稠，使杏仁奶油体积迅速膨胀，口感更丝滑。

制作流程

1

2

3

5

4

如何制作6个开心果杏挞

制作法式甜酥面团所需的原材料

T65精制面粉　260克

鸡蛋　1枚（50克）

黄油　155克

糖粉　100克

杏仁粉　30克

盐　1克

制作乳香杏仁奶油所需的原材料

黄油　50克

杏仁粉　50克

细砂糖　50克

鸡蛋　1枚（50克）

玉米淀粉　5克

开心果酱　20克

制作馅料所需的原材料

新鲜的杏　10个或对半切开的罐装杏肉　20枚

1.

制作法式甜酥面团（第74页），将其放入冰箱冷藏2小时。

制作杏仁奶油（第78页）。将开心果酱加入杏仁奶油中，充分搅拌直至质地均匀，放入冰箱冷藏2小时。

2.

用擀面杖将面团擀至3毫米厚。烤盘铺上烘焙纸，挞皮模具内壁涂抹少许软化的黄油。将模具放在烘焙纸上，然后将面饼放入模具，用擀面杖去除多余的部分。

3.

将新鲜的杏去核，切成四瓣。

4.

杏仁奶油装入裱花袋中，螺旋状均匀地挤在面饼上，厚度应为1厘米。

5.

将杏肉按照顺时针或逆时针方向均匀地摆放在杏仁奶油上。

烤炉预热至190℃（传统烤炉）。入炉烘烤35—40分钟。

法式蛋奶派

基础知识

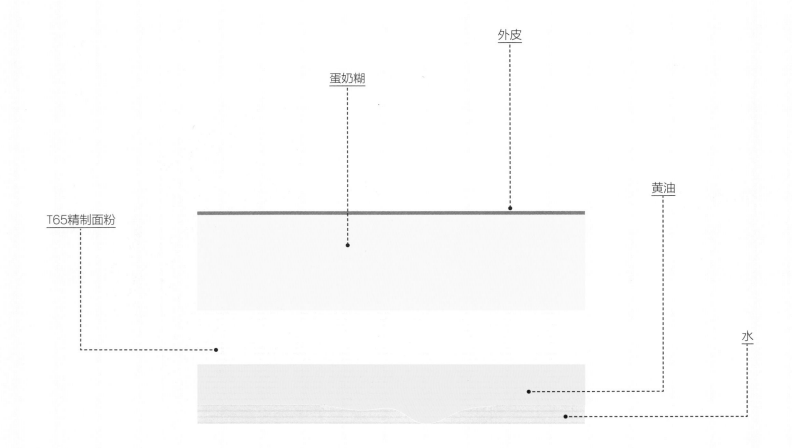

外皮

蛋奶糊

黄油

T65精制面粉

水

定义

法式蛋奶派是一种由翻转千层油酥面团和蛋奶糊（鸡蛋、牛奶和玉米淀粉混合而成）制成的糕点。

制作时长

准备时长：1小时。
低温静置时长：8小时。
烘烤时间：35—40分钟。

所需器具

带有搅拌钩以及搅拌桨的和面机。
蛋糕模具（直径26厘米，高2.5厘米）。
毛刷。
擀面杖。
打蛋器。

法式蛋奶派的衍生品

椰奶派：在蛋奶派中添加200克椰蓉即可。
杏奶派：先将切开去核的杏肉铺在模具底部，再浇上蛋奶糊即可。

难点

制作蛋奶糊。

所需技巧

和面（第30—33页）。
铺派皮（第283页）。
搅打至乳白色（第284页）。

制作诀窍

须待派皮上的蛋奶糊完全冷却，再入炉烘烤，如此成品的外皮才能完整无裂纹。

如何判断法式蛋奶派是否烤好了

外皮呈金黄色，局部出现焦糖色，就说明烤好了。

保质期

可冷藏保存2天。

制作流程

1

2

3

4

5

6

如何制作10个法式蛋奶派

制作300克翻转千层油酥面团所需的原材料

用于制作黄油面团

块状软黄油　100克

T65精制面粉　40克

用于制作白面团

T65精制面粉　90克

软化黄油（第284页）　30克

盐　5克

冰水　40克

白醋　1克

制作蛋奶糊所需的原材料

牛奶　1升

鸡蛋　3枚（总重150克）

细砂糖　200克

玉米淀粉　80克

润滑模具所需的原材料

软化的无盐黄油

1.

制作翻转千层油酥面团（第68页）。用擀面杖将面团擀成2毫米厚的面饼。

将烤炉预热至170℃（对流式烤箱）。用毛刷蘸少许黄油，均匀地涂抹在模具内壁。烤盘铺上烘焙纸，将模具放在烘焙纸上，然后将面饼铺在模具上，用擀面杖去除多余的部分。放入冰箱冷藏。

2.

将鸡蛋和细砂糖混合搅打至乳白色（第284页）。加入玉米淀粉，充分搅拌。

3.

将牛奶倒入煮锅中，大火煮沸。将锅中1/3的牛奶倒入鸡蛋混合物中进行搅拌，再将鸡蛋混合物倒回煮锅中，与剩余的2/3牛奶混合搅拌，制成蛋奶糊。

4.

大火烹煮蛋奶糊1分钟，其间应不断用打蛋器搅拌。

5、6.

将蛋奶糊均匀地倒在面饼上，在常温下冷却。入炉烘烤35—40分钟。出炉后应静置冷却1.5小时。

法式香料面包

基础知识

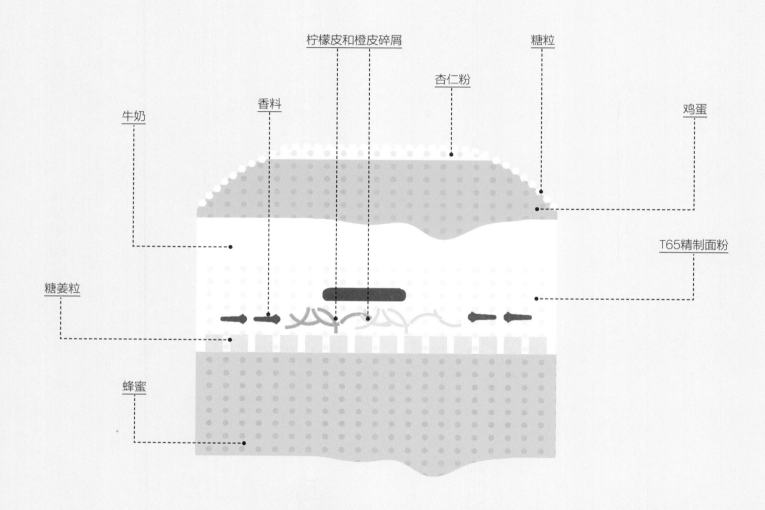

柠檬皮和橙皮碎屑

糖粒

香料

杏仁粉

牛奶

鸡蛋

T65精制面粉

糖姜粒

蜂蜜

定义

法式香料面包是一种使用大量蜂蜜，并以多种香料及柠檬皮和橙皮碎屑调味的面包。

制作时长

准备时长：30分钟。
烘烤时间：45分钟。

所需器具

长约20厘米的长方形蛋糕模。
搅拌棒。
小漏勺。
毛刷。

难点

熬煮牛奶蜂蜜混合物时应避免煮沸：当混合物的表面开始冒小气泡时，立刻熄火。

制作诀窍

面包脱模后，用食用级保鲜膜包裹好，使面包保持湿润。
如果牛奶蜂蜜混合物温度低于60℃，在倒入面粉混合物前应用小火重新加热。

如何判断法式香料面包是否烤好了

用刀尖插入面包中，抽出后表面干净，不沾碎屑，就说明烤好了。

保质期

用食品级保鲜膜裹好可保存1周。

为什么不能将牛奶煮沸？

这样才能保证香料不会因高温而失去原有的香气。

制作流程

如何制作1个法式香料面包

制作面团所需的原材料

T65精制面粉　140克
蜂蜜　170克
牛奶　80克
鸡蛋　2枚
杏仁粉　15克
食用级小苏打　5克
盐　1克

调味所需的香料

切成小粒的糖姜　28克
橙皮碎屑　3克
柠檬皮碎屑　3克

生姜粉　1克
肉桂粉　1克
丁香　1克

装饰面团所需的原材料

糖粒　100克

1.
将牛奶和蜂蜜倒入煮锅中，小火烹煮，当牛奶蜂蜜混合物的表面开始冒小气泡时，熄火（一定不要煮沸）。加入香料粉和丁香，搅拌均匀之后，静置浸泡15分钟使混合物入味。

2.
用小漏勺将丁香捞出丢弃，继续静置使之冷却。

3.
将烤炉预热至150℃。面粉过筛（第285页），和小苏打及杏仁粉一同倒入干净的搅拌碗中。再加入盐、鸡蛋、柠檬皮和橙皮碎屑，用搅拌棒搅拌均匀。
将牛奶蜂蜜混合物缓缓加入面粉混合物中，倾倒的同时不断搅拌，直到形成质地均匀顺滑的面糊。加入糖渍姜块，继续搅拌。

4.
将烘焙纸放入模具内，均匀地撒上50克糖粒。

5.
将面粉混合物倒入模具中，将剩余的50克糖粒均匀地撒在面糊表面。入炉烘烤45分钟。出炉后，待面包完全冷却再脱模。

253

糖渍水果蛋糕

基础知识

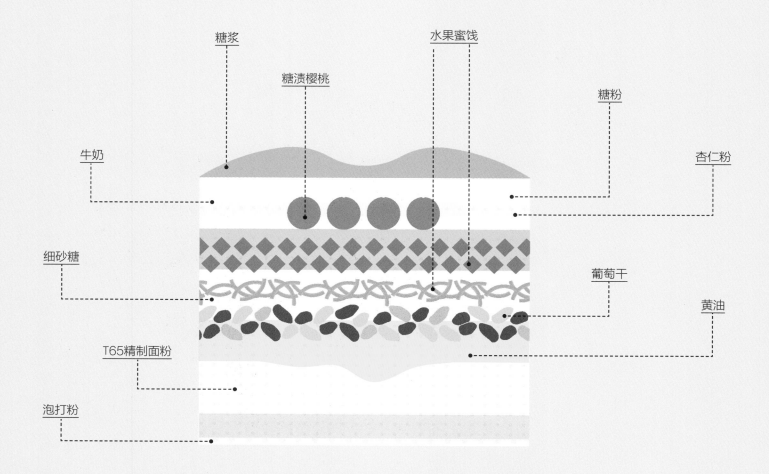

糖浆

糖渍樱桃

水果蜜饯

糖粉

牛奶

杏仁粉

细砂糖

葡萄干

黄油

T65精制面粉

泡打粉

定义
糖渍水果蛋糕是一种由水果蜜饯制成的糕点，烘烤过后表面需涂抹糖浆。

制作时长
准备时长：30分钟。
烘烤时间：45分钟。

所需器具
长约20厘米的长方形蛋糕模。
搅拌棒。
筛网。
毛刷。

难点
确保水果蜜饯不会沉入蛋糕底部。

所需技巧
乳化（第284页）。

制作诀窍
蛋糕脱模后，用食用级保鲜膜包裹好，使面包保持湿润。

如何判断糖渍水果蛋糕是否烤好了
将刀尖插入面包中，抽出后表面干净，不沾有碎屑，就说明烤好了。

保质期
用食品级保鲜膜裹好可保存1周。

葡萄干为什么要做复水处理？
为了避免葡萄干吸收面糊中的水分，使面糊中的淀粉质在烘烤过程中得到充足的水分。

制作流程

如何制作1个糖渍水果蛋糕

1. 制作面团所需的原材料

T65精制面粉　90克
软化的无盐黄油　80克
细砂糖　50克
糖粉　50克
鸡蛋　2枚（总重100克）
牛奶　15克
杏仁粉　20克
泡打粉　5克

2. 润滑模具所需的原材料

软化的无盐黄油　10克

3. 制作馅料所需的原材料

葡萄干　65克
切成小粒的水果蜜饯　50克
糖渍樱桃　10克
糖渍橙皮丁　15克

4. 制作糖浆所需的原材料

细砂糖　50克
水　40克
朗姆酒　40克

制作流程

1

2

3

4

5

6

7

1.
将葡萄干和水倒入煮锅中，大火煮沸后熄火，静置几分钟使葡萄干在沸水中泡发。将葡萄干捞出沥干，静置冷却。

2.
将软化的无盐黄油、细砂糖和糖粉倒入搅拌碗（或搅拌机的和面桶）中，再用搅拌棒（或搅拌桨）搅打至乳化（第284页）。

3.
加入鸡蛋，继续打发，直至黄油质地均匀顺滑。再倒入牛奶，继续搅打。

4.
将面粉、泡打粉和杏仁粉混合后过筛（第285页），将⅓面粉混合物倒入步骤3的黄油糊中。

5.
将水果蜜饯和沥干的葡萄干倒入干净的搅拌碗中，再将剩余的⅓面粉混合物倒入其中。充分搅拌直至水果蜜饯在面糊中分布均匀。

6.
将步骤5中的面糊倒入步骤4中的黄油糊中，轻轻搅拌，直至混合物质地均匀。

7.
用毛刷蘸少许软化的黄油，均匀地涂抹在模具内壁，然后将步骤6中的混合物倒入模具中。入炉烘烤45分钟。出炉后，待蛋糕完全冷却再脱模。

制作糖浆：将细砂糖和水倒入煮锅中，大火煮沸后立即离火，再倒入朗姆酒搅拌并冷却至温热状态。之后，用毛刷蘸少许热糖浆，均匀地涂抹在蛋糕表面。

热那亚蛋糕

基础知识

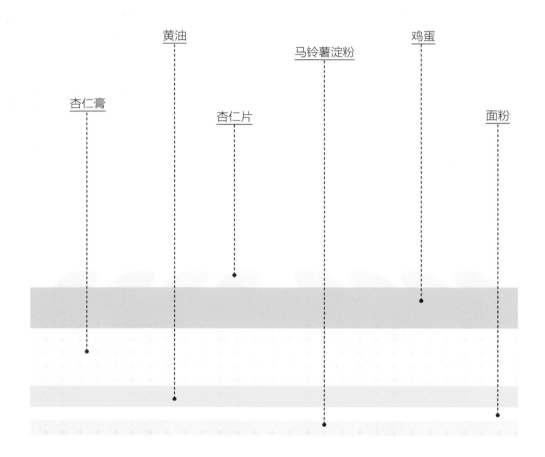

黄油

马铃薯淀粉

鸡蛋

杏仁膏

杏仁片

面粉

定义

热那亚蛋糕是一种由杏仁膏制成的蛋糕，质地极其柔软湿润。

制作时长

准备时长：25分钟。
烘烤时间：25分钟。

所需器具

圆形蛋糕模具（直径14厘米，高5厘米）。
带有搅拌桨的和面机。
打蛋器。
筛网。
搅拌棒。
毛刷。

适用场合

热那亚蛋糕是一种常见的餐后甜点。

难点

准确地把握烘烤时间：烘烤时间过长，蛋糕质地会变硬。

制作诀窍

应选用软化的黄油涂抹模具内壁，使杏仁片与模具内壁紧密贴合在一起。

如何判断热那亚蛋糕是否烤好了

蛋糕通体呈金黄色，就说明烤好了。

保质期

2—3天。

制作的过程中，是否可以用杏仁粉取代杏仁膏？

使用杏仁粉制作，蛋糕的甜度便会下降（因为杏仁膏中含有大量的糖分）。此外，杏仁粉的使用还会加强麸质蛋白间的网状结构，使成品失去蛋糕特有的柔软口感。

如何制作1个热那亚蛋糕

1. 制作面糊所需的原材料

杏仁膏 200克（杏仁含量50%）
鸡蛋 3枚（总重150克）
黄油 60克
面粉 20克
马铃薯淀粉 20克

2. 润滑模具所需的原材料

软化的无盐黄油 10克
杏仁片 10克

制作流程

1

2

3

4

5

6

1.

将黄油倒入煮锅中，小火加热使其融化，之后离火冷却。

将和面机调至中速挡，将杏仁膏倒入和面桶中，使用搅拌装置搅打，先后打入2枚鸡蛋，持续搅拌直至面糊质地均匀。

2.

打入另1枚鸡蛋，然后用打蛋装置搅打5分钟，直至面糊浓稠顺滑（挑起面糊，面糊滴落时呈丝带状）。

3.

面粉和马铃薯淀粉混合后过筛，加入步骤3的面糊中，用搅拌棒轻轻搅拌。

4.

将步骤1中融化的黄油倒入步骤4的面糊中，充分搅拌。

5.

将烤炉预热至150℃（传统烤炉）。用毛刷蘸少许软化的黄油，均匀地涂抹在模具内壁。将杏仁片均匀撒入模具中（与黄油紧紧地贴合在一起）。最后，轻敲模具，去掉多余的杏仁片。

6.

将步骤5中的面糊倒入模具中。入炉烘烤25分钟。出炉后，待蛋糕完全冷却再脱模。

萨布雷

基础知识

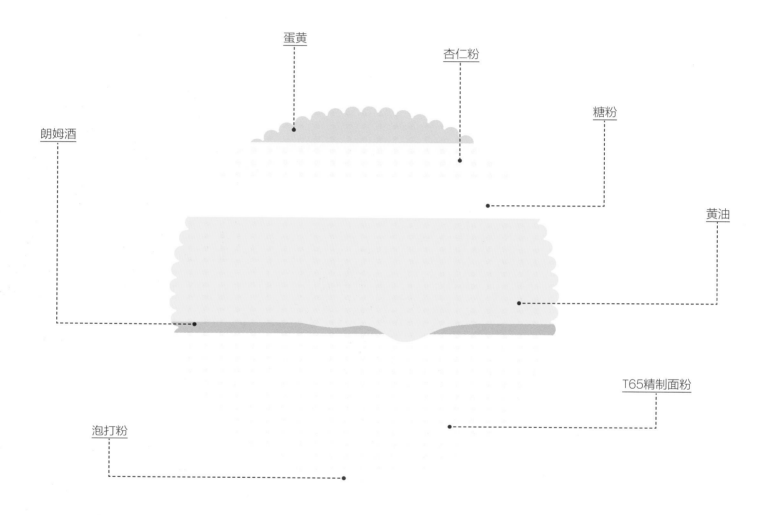

蛋黄

杏仁粉

糖粉

朗姆酒

黄油

T65精制面粉

泡打粉

定义

萨布雷是一种口感松脆、富含黄油的小饼干。

制作时长

准备时长：20分钟。
低温静置时长：1小时。
烘烤时间：20分钟。

所需器具

带有搅拌桨的和面机（可选）。
擀面杖。
直径13厘米的圆形挞模。
小漏勺。
毛刷。

还可以添加哪些食材？

巧克力豆、杏仁片

难点

把握蛋黄的加热时间。

所需技巧

涂抹蛋液（第48页）。
波尔卡割纹（第51页）。

制作诀窍

萨布雷出炉之后，应彻底冷却后再食用。刚出炉的萨布雷质地较软，完全冷却后才会有酥脆的口感。

如何判断萨布雷是否烤好了

饼干表面呈金黄色，就说明烤好了。

保质期

密封保存2—3天。

为什么必须将蛋黄放入微波炉中加热？

将蛋黄放入微波炉中加热，是为了增加饼干的酥松的口感。蛋黄经过加热，内部所含的某些蛋白质会凝结，加入面团后会抑制麸质蛋白形成网状结构，网状结构减少，烘烤后质地会更酥脆，反之，网状结构增加，质地会更紧实。

制作流程

1

2

3

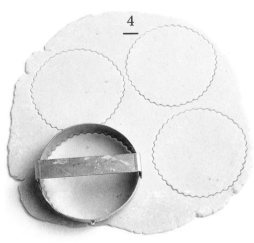

4

5

6

如何制作4块萨布雷

T65精制面粉	225克
黄油	210克
糖粉	75克
杏仁粉	40克
蛋黄	2枚（40克）
朗姆酒	11克
盐之花	1克

1.
将蛋黄放入微波炉中加热1分钟，过筛。

2.
将所有原材料倒入和面桶中，和面速度调至1挡，和面5分钟（如果没有和面机，可以将所有的原材料倒入搅拌碗中，用搅拌棒搅拌）。

3.
将面团整成圆形，然后压扁，再用保鲜膜包裹好，放入冰箱冷藏1小时。

4.
将烤炉预热至180℃（传统烤炉）。用擀面杖将面团擀至4毫米厚。之后，用直径13厘米的挞模在面饼上压出4个圆形饼干坯。

5.
烤盘铺上烘焙纸，将4个饼干坯放在烘焙纸上。制作蛋液（第48页）。用毛刷蘸少许蛋液，均匀地涂抹在面饼表面。利用餐叉的齿在饼干坯上划出花纹，方法参考波尔卡花纹割包技巧（第51页）。

6.
入炉烘烤20分钟。

蝴蝶酥

基础知识

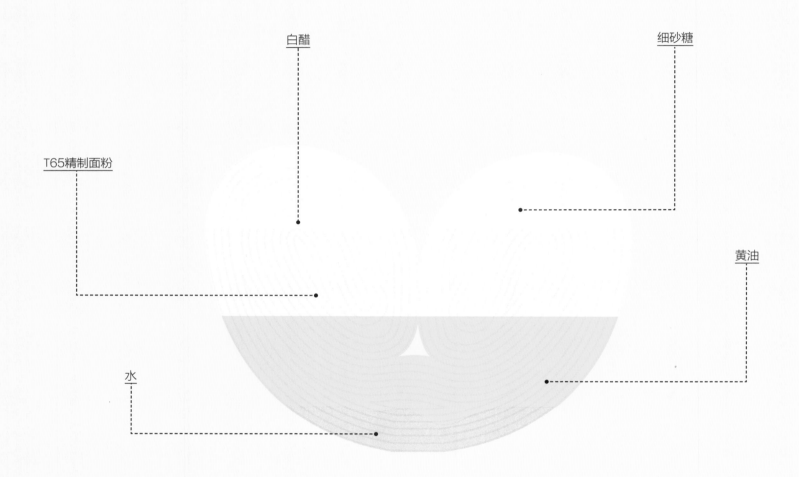

白醋

细砂糖

T65精制面粉

黄油

水

定义

蝴蝶酥是一种将油酥面团擀成面饼，两端向中间卷起，切片后在切面撒细砂糖，最后烘烤而成的糕点，形状如蝴蝶。

制作时长

准备时长：45分钟。
低温静置时长：8小时15分钟。
烘烤时间：15—20分钟。

所需器具

带有搅拌钩和搅拌桨的和面机。
擀面杖。

难点

在不混酥的前提下将面饼擀平。
折叠面饼时确保黄油层与非黄油层之间不夹杂多余的空气。

所需技巧

和面（第30—33页）。
擀面（第283页）。

制作诀窍

在制作的过程中，应往操作台上撒少许糖粉（而非面粉）。糖粉会在烘焙的过程中焦糖化，从而增加蝴蝶酥的视觉效果与口感。

如何判断蝴蝶酥是否烤好了

蝴蝶酥表面充分上色并出现焦糖色，就说明烤好了。

保质期

密封可保存数日。

为什么每次折叠之前都需要撒一次细砂糖？

在烘烤的过程中，细砂糖会融化并焦糖化，像胶水一样，将相邻两层面饼紧紧地黏合在一起，使成品造型更精致。

制作流程

1

2

3

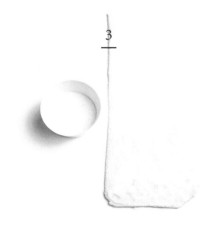

4

5

8

6

7

如何制作15块蝴蝶酥

制作600克翻转千层油酥面团所需的原材料

用于制作黄油面团

软化的无盐黄油　200克

T65精制面粉　80克

用于制作白面团

T65精制面粉　180克

软化的黄油　60克

盐　10克

冰水　80克

白醋　2克

装饰面饼所需的原材料

细砂糖　200克

1.
制作翻转千层油酥面团（第68页）。

2.
用三折法处理面饼：用擀面杖将面饼擀成60厘米×20厘米的长方形，然后折三折。最后用保鲜膜将面饼裹好，放入冰箱冷藏2小时。

用四折法处理一次面饼：用擀面杖将面饼擀成60厘米×20厘米的长方形，然后分别从面饼两端¼处向中间对折，再沿中心线对折一次。用保鲜膜将面饼裹好，放入冰箱冷藏2小时。

3.
在面饼上均匀地撒上100克细砂糖，然后用四折法处理一次面饼，用保鲜膜将面饼裹好，放入冰箱冷藏2小时。

在面饼上均匀地撒上50克细砂糖，然后用三折法处理一次面饼，用保鲜膜将面饼裹好，放入冰箱冷藏至少2小时。

4.
将面饼擀成96厘米×15厘米的长方形，分别从两端16厘米处向中间折叠。

5.
再次从两端16厘米处向中间折叠，并沿中心线对折一次即可。

6.
将剩余的细砂糖倒入干净的餐盘中，然后将面饼放入细砂糖中滚一圈。用保鲜膜将面饼裹好，放入冰箱冷冻15分钟。

7、8.
烤炉预热至160℃（传统烤炉）。将面饼切成15个宽为1厘米的小面饼，摆放在烤盘上（无须垫烘焙纸）。入炉烘烤15—20分钟。

覆盆子酥

基础知识

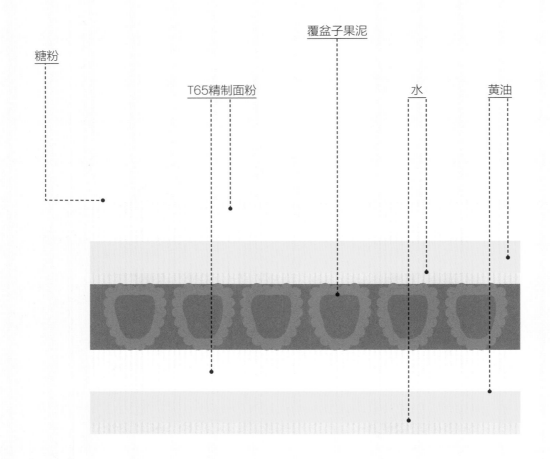

糖粉

T65精制面粉

覆盆子果泥

水

黄油

定义

覆盆子酥是一种将油酥面团擀成方形面饼，烘烤后涂抹覆盆子果泥夹心的糕点。

制作时长

准备时长：25分钟。

低温静置时长：12小时。

烘烤时间：20分钟。

所需器具

带有搅拌钩与搅拌桨的和面机。

擀面杖。

难点

酥皮上色均匀，通体呈焦糖色。

所需技巧

和面（第30—33页）。

擀面（第283页）。

如何判断覆盆子蛋糕是否烤好了

酥皮呈金黄色，就说明烤好了。

保质期

2—3天。

制作流程

如何制作5块覆盆子酥

1. 制作300克翻转千层油酥面团所需的原材料

用于制作黄油面团
软化的黄油　100克
T65精制面粉　40克

用于制作白面团
T65精制面粉　90克
软化的黄油　30克
盐　5克
冰水　40克
白醋　1克

2. 制作覆盆子果泥所需的原材料

覆盆子　125克
细砂糖　60克
果胶　1.5克

3. 装饰面饼所需的原材料

糖粉

制作流程

1.
制作翻转千层油酥面团（第68页）。

2.
制作覆盆子果泥：10克细砂糖与果胶混合。将覆盆子与50克细砂糖倒入煮锅中，小火煮至覆盆子融化。

3.
将果胶砂糖混合物倒入步骤2的煮锅中，用打蛋器搅拌，小火烹煮数分钟（并不时搅拌以防粘锅）。将其倒入干净的搅拌碗中，静置冷却数分钟。

4.
将烤炉预热至180℃（传统烤炉）。用擀面杖将面饼擀成20厘米×50厘米的长方形。将面饼切成10块边长为10厘米的正方形。

5.
用毛刷蘸少许清水，均匀地涂抹在面饼表面。每5块为一组摞起来，叠成一个立方体。

6.
将步骤5中的两块立方体分别切成5根宽为2厘米的长方块。切面向上放在烘焙纸上。

7.
入炉烘烤20分钟。取出后，静置冷却。

8.
用抹刀将覆盆子果泥均匀地涂抹在任意一块方形酥饼表面，其上叠放另一块方形面饼，轻轻压实。重复以上操作，做好其余4块覆盆子酥。最后在覆盆子酥表面撒少许糖粉。

费南雪

基础知识

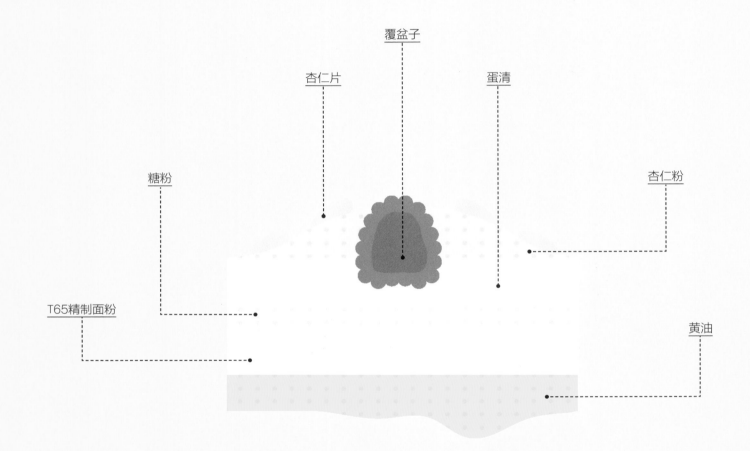

覆盆子

杏仁片

蛋清

糖粉

杏仁粉

T65精制面粉

黄油

定义

费南雪是一种由杏仁粉和蛋白制成的长方形小蛋糕，其口感松软湿润。

制作时长

准备时长：15分钟。
低温发酵时长：至少2小时。
烘烤时间：20—25分钟。

所需器具

8连费南雪蛋糕模。
筛网。
小漏勺。
裱花袋及8毫米圆口裱花嘴（可选）。

难点

制作焦化黄油。

所需技巧

裱花（第285页）。

如何判断费南雪是否烤好了

蛋糕表面轻微上色，呈金黄色，就说明烤好了。

保质期

用食品级保鲜膜裹好可保存2—3天。

为什么费南雪面糊须放入冰箱冷藏松弛？

面糊在搅拌时会掺入一些空气，并被蛋液中所含的蛋白质封在面糊中。黄油的加入如同为蛋液穿上一层外衣，加强了封住空气的效果。而经过低温松弛的面糊，其中的黄油会变硬，效果也就更明显，做出的费南雪的形状更加均匀规则。

制作流程

1

2

3

4

5

如何制作8个费南雪

制作面糊所需的原材料

杏仁粉 25克
糖粉 65克
T65精制面粉 30克
常温蛋白 2份（总重60克）
黄油 45克

用于表面装饰

覆盆子 8颗
杏仁片 10克

润滑模具所需的原材料

软化的无盐黄油 5克

1.
将面粉、杏仁粉和糖粉混合后过筛。加入蛋白，并用打蛋器快速搅拌。

2.
制作焦化黄油：将黄油倒入煮锅中，小火熬煮至深褐色。之后，用漏勺滤掉浮沫和残渣。
将焦化黄油倒入步骤1中的面粉混合物中，持续搅拌直至质地均匀。
用保鲜膜将步骤3中的面粉混合物裹好，放入冰箱冷藏至少2小时（或冷藏过夜）。

3.
将烤炉预热至150℃（对流式烤箱）。用毛刷蘸少许软化的黄油，均匀地涂抹在模具内壁。用汤勺将面糊舀至模具中（或用裱花袋将面糊挤至模具中）。

4、5.
将1颗覆盆子放在面糊中心处，并在其四周撒上适量的杏仁片，入炉烘烤20—25分钟。

玛德琳

基础知识

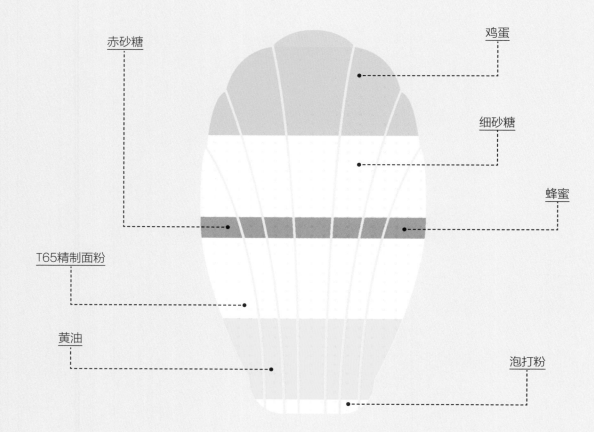

赤砂糖

鸡蛋

细砂糖

蜂蜜

T65精制面粉

黄油

泡打粉

定义
玛德琳是一种口感松软的贝壳形小蛋糕。

制作时长
准备时长：20分钟。
低温静置时长：24小时。
烘烤时间：8—10分钟。

所需器具
20连玛德琳蛋糕模。
筛网。
裱花袋及8毫米圆口裱花嘴。
毛刷。

难点
让面糊充分静置松弛。

所需技巧
裱花（第285页）。

如何判断玛德琳是否烤好了
蛋糕表面呈金黄色，形状饱满，就说明烤好了。

保质期
密封可保存数日。

玛德琳的贝壳形状是如何形成的？
将刚从冰箱取出的面团直接放入预热好的烤炉中，这样制作出的贝壳形状更完美，原因如下：
-低温环境增加了面团的黏度，烘烤时面团在模具中只会长高，不会向两边伸展。
-烤炉的高温使面团中的水分迅速变为水蒸气，促使面团在模具中长高。

制作流程

1

2

3

4

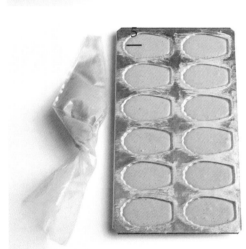

5

6

如何制作20个玛德琳

制作面糊所需的原材料

T65精制面粉　190克
软化黄油（第284页）　190克
细砂糖　150克
粗红糖　20克
鸡蛋　4枚（总重200克）
蜂蜜　30克
泡打粉　7克
盐　4克

调味所需的原材料

香草荚　1根

用于润滑模具

软化的黄油　5克

前一晚

1、2.
将软化的黄油、细砂糖、粗红糖和盐倒入干净的搅拌碗中，用搅拌棒搅拌。再倒入蜂蜜和事先打发的蛋液，持续搅拌直至质地均匀。

3.
用刀背将香草荚压扁，自上而下将香草荚剖成两半，再刮出香草籽。将香草籽倒入搅拌碗中，继续搅拌。

4.
面粉与泡打粉混合后过筛，倒入搅拌碗中，继续搅拌。

搅拌完毕后，用保鲜膜将面糊裹好，放入冰箱冷藏至少24小时。

制作当天

5.
将烤炉预热至210℃。用毛刷蘸少许软化的黄油，均匀地涂抹在模具内壁。用裱花袋将面糊挤至模具中（或用汤勺将面糊舀至模具中），将面糊盛满模具的¾即可。

6.
入炉烘烤8—10分钟。

杏仁瓦片酥

基础知识

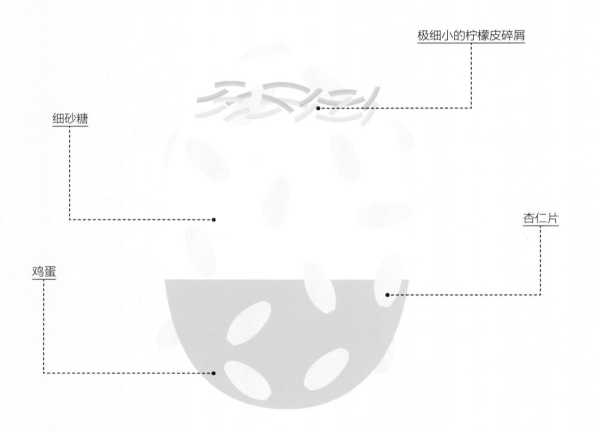

极细小的柠檬皮碎屑

细砂糖

鸡蛋

杏仁片

定义

杏仁瓦片酥是一种表面布满杏仁片的松脆小饼干。

制作时长

准备时长：20分钟。
低温静置时长：至少2小时。
烘烤时间：8分钟。

所需器具

圣诞原木蛋糕模具或擀面杖。
抹刀。

杏仁瓦片酥的衍生品

榛子瓦片酥

难点

将饼干坯制成瓦片状。

制作诀窍

瓦片酥一出炉就趁热整形，才不至于将其折断。

如何判断杏仁瓦片酥是否烤好了

饼干边缘呈金黄色，就说明烤好了。

保质期

密封可保存数日。

为什么面糊须冷藏至少2小时？

在冷藏的过程中，蛋白中所含的水分会将面团中的细砂糖溶解掉，从而避免细砂糖在烘焙的过程中形成结晶，影响口感。

制作流程

如何制作25块杏仁瓦片酥

杏仁片　250克

细砂糖　250克

鸡蛋　4枚（总重200克）

香草荚　1根

极细小的柠檬皮碎屑　2克

极细小的橙皮碎屑　2克

1、2.

用刀背将香草荚压扁，自上而下将香草荚剖成两半，将香草籽刮出。将香草籽倒入搅拌碗中，再将细砂糖、鸡蛋和柠檬皮及橙皮碎屑倒入搅拌碗中，用打蛋器搅打至混合物质地均匀。

3.

倒入杏仁片，继续搅拌。用保鲜膜将面糊裹好，放入冰箱冷藏至少2小时（或冷藏一晚）。

4.

将烤炉预热至170℃（传统烤炉）。用汤勺舀8勺面糊置于烘焙纸（或烘焙垫）上，面糊之间的距离应足够大，以防面糊摊平后相互粘连。

用餐叉背蘸些水，将步骤3中的面糊由内向外摊成圆饼。

入炉烘烤8分钟左右，直至瓦片酥边缘呈金黄色。

5、6.

出炉之后，将瓦片酥迅速从烘焙纸上掀起来，放在干净的擀面杖上，用手指轻轻按压瓦片酥，以使其紧贴擀面杖，塑造成"瓦片"的形状。

糖块泡芙

基础知识

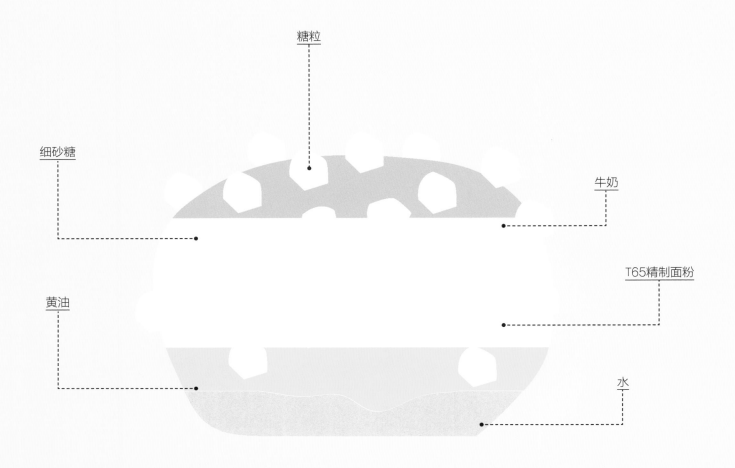

糖粒

细砂糖

牛奶

T65精制面粉

黄油

水

定义

糖块泡芙是一种表面撒有糖粒，没有夹心的小泡芙。

制作时长

准备时长：15分钟。
烘烤时间：20分钟。

所需器具

带有搅拌桨的和面机（可选）。
搅拌棒。
刮板。
裱花袋和10毫米圆形裱花嘴。

难点

把握烘烤时间，以免泡芙被烤焦。

制作诀窍

为了避免泡芙在出炉后塌陷，应在烘焙结束后，待泡芙表皮变硬再将其取出。

如何判断糖块泡芙是否烤好了

泡芙形状饱满充实，表面呈金黄色，且糖粒有轻微焦糖色，就说明烤好了。

保质期

应立即食用。

为什么糖粒在烘焙的过程中不会融化？

糖粒是用蔗糖加工而成的，温度达到160℃以上时才会融化，而糖块泡芙的烘焙温度只有150℃。

制作流程

1

2

3

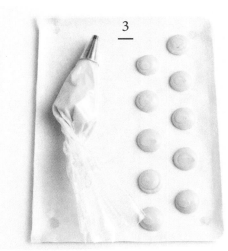

4

5

如何制作50个糖块泡芙

制作泡芙面团所需的原材料

T65精制面粉　150克
牛奶　165克
水　90克
黄油　110克
鸡蛋　4枚（总重200克）
盐　2克
细砂糖　2克

装饰面团所需的原材料

糖粒　200克

1.
制作泡芙面团（第72页）。

2、3.
将烤炉预热至150℃（对流式烤箱）。将泡芙面团装入裱花袋，在烘焙纸上挤出25个直径2—2.5厘米的面团。将裱花袋置于一旁待用。

4.
在面团表面撒大量糖粒。

5.
入炉烘烤20分钟。用裱花袋中剩余的面继续制作另外25个面团，在面团表面撒上大量的糖粒，入炉烘烤20分钟。

第三章
术语表

烘焙必备工具

1

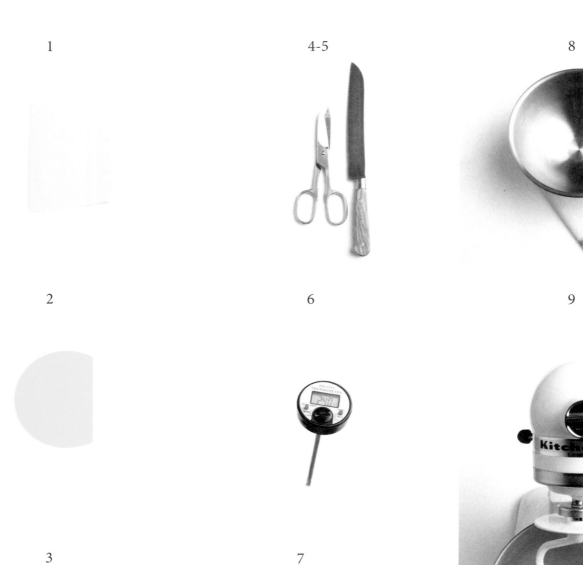

4-5

8

2

6

9

3

7

1. 切面刀

常由塑料或金属材质制成，用于干净利落地分割面团。

2. 刮板（刮刀）

一种塑料材质的烘焙用具，用于将面团从某个容器的内壁上刮下，放入另一个容器中。

3. 割包刀（剃刀）

割包刀使用极为锋利的刀片，用于在面团表皮划割口或花纹，制造出裂纹或"耳"。

4. 剪刀

用于为面团整形，制造造型较特殊的割口，如"麦穗"或"狗牙边"。

5. 锯齿刀（面包刀）

一种刀刃呈锯齿状的长刃刀，主要用于切分面包。

6. 温度计

用于在和面结束后测量面团的温度。最适宜面团发酵的温度为22℃—24℃。

7. 厨房秤

用于精准称量各种原材料的重量。

8. 搅拌碗、茶巾

搅拌碗常为不锈钢材质，主要用于原材料的搅拌或面团的发酵。

茶巾主要用于遮盖面团，以防面团表皮风干。

9. 电动和面机

手工和面需要力量和耐心，如果不想手工操作，可使用电动和面机。电动和面机制作出的面团更加紧致结实。电动和面机配有搅拌钩、搅拌桨和打蛋器。和面时通常使用搅拌钩，若面团质地较软或呈半液态，则需要使用搅拌桨。打发奶油或蛋白时需要使用打蛋器（使奶油或蛋白膨发）。

1

4

7

2

5

8

3

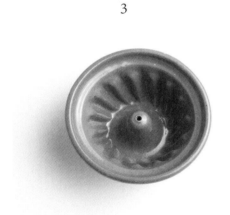

6

9-10

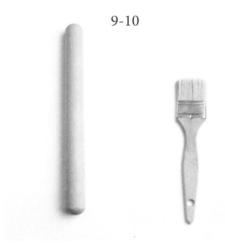

1. 带盖吐司模具

一种配有金属顶盖的长方形模具，用于制作方形吐司面包，可在专门的烘焙模具店中购买。

2. 布里欧修模具（花朵蛋糕模具）

一种波浪纹金属模具，主要用于制作巴黎式布里欧修，可在专门的烘焙模具店中购买。

3. 咕咕霍夫模具

一种圆形陶土模具（也有金属材质的），主要用于制作咕咕霍夫。

4. 潘妮托尼面包模具

一种圆形纸质模具（也有带锁扣的金属模具）。

5. 玛德琳模具

一种多连式贝壳形模具，通常使用金属材质的烘焙效果更好。

6. 费南雪模具

一种多连式或独立式的金属模具，市面上也有硅胶制的费南雪蛋糕模具，但金属质地的模具制作效果更好。

7. 烤盘

一种用于烘烤食物的金属托盘。使用没有防粘涂层的烤盘时须垫烘焙纸。

8. 裱花袋及裱花嘴

制作糕点时，通常将奶油装入裱花袋（如打发的调味奶油），挤在糕点上做装饰。在制作面包时，裱花袋和裱花嘴则常用于对面包内部做不规则（如果酱多纳滋和杏仁可颂）或规则的填充（如国王饼），将面糊挤入小巧的模具中（如费南雪和玛德琳），以及制作泡芙和糖块泡芙。因此，我们一般选择中号的圆形裱花嘴（直径为8毫米或10毫米）。此外，建议使用卫生且实用的一次性裱花袋。

9. 擀面杖

用于压平面团的圆木棍。擀面时，每擀完一次，应将面团顺时针转动90°，这样擀制出的面饼才会质地均匀，形状规则。

10. 毛刷

食品专用毛刷，常用于在糕点表面涂抹蛋液、糖浆或其他液体食材。

和面

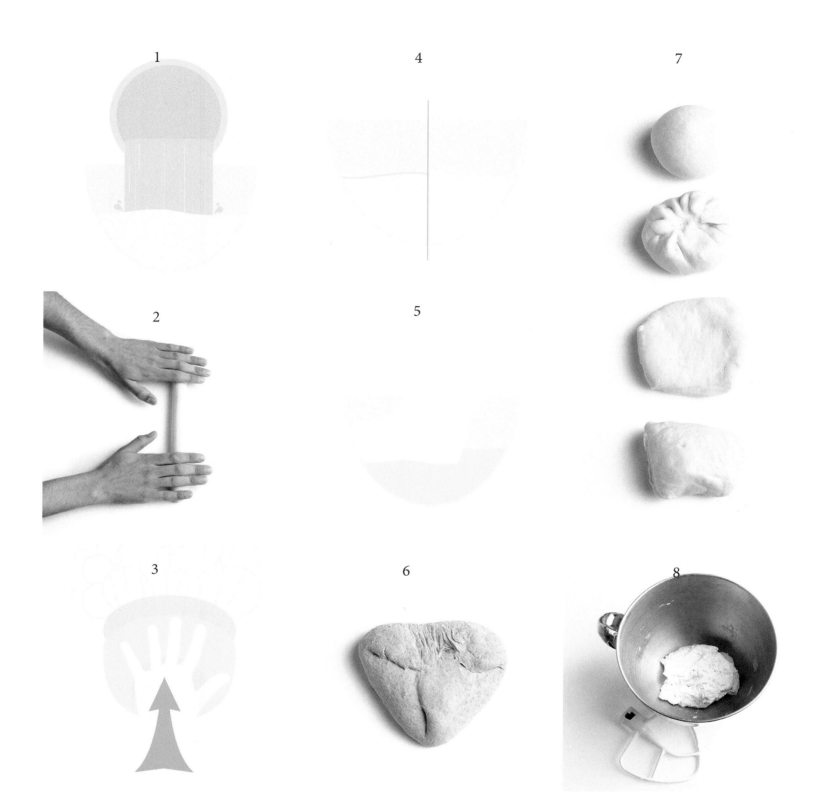

1. 分次加水

和面结束后，如果面团过于紧实，向面团中再加入适量的清水以增加湿度。

2. 延展

延展是指将面团揉搓成长条形：将双手手掌放在面团中间，由内向外揉搓，直至面团达到理想长度。

3. 排气

排气是挤压出面团中的气体：将手掌放在面团上，轻轻按压即可。排气有助于排出发酵过程中产生的气泡，从而令面包内部结构更加规则，烘烤后更加松软。

4. 表皮凝结

表皮凝结是指面团或奶油表面风干后变硬。经过搅拌的面糊等混合物暴露在空气中，表面被氧化，便会发生表皮凝结。

5. 刮取

刮取是指用塑料"刮板"将面团或其他混合物从容器的内壁刮下。

6. 接缝线

接缝线是指一块面团的两部分折叠后衔接形成的联结线。面团入炉烘烤时，接缝线通常需向下放置。但需要制造特殊裂纹时，会将接缝线向上放置。

7. 整成圆形

将面团整成圆形的方法如下：先将面团轻轻压扁，用手指捏起面团的某一处边角，拉向面团中心处，重复此动作，直至面团所有的边角处都集中在面团的中心点。之后，将面团翻面，放在撒有少许干面粉的操作台上（接缝线朝下）。最后，用手掌轻轻抚摩面团表面，直至其变光滑。

8. 混合搅拌

制作面包时，混合搅拌是指将所有原材料都混合在一起。制作糕点时，混合搅拌是指在操作台上将所有原材料手工混合在一起，揉成酥皮面团（油酥皮或挞皮），以防揉面过度使面团起筋。

11

14

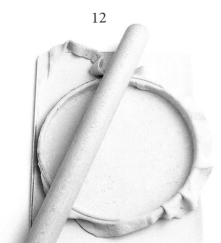

12

15

13

9. 可塑面团

可塑面团是一种延展性较强的面团。

10. 弹性面团

弹性面团是一种筋性较强，不易擀开的面团，擀开后会自动恢复原状。

11. 擀面

擀面是指用擀面杖将面团压平。擀面前，我们需要在操作台、擀面杖和面团表面撒少许干面粉。

12. 铺派皮（挞皮）

将擀薄的面饼铺在方形模具或圆形模具的底部：首先，向一根干净的擀面杖上撒少许干面粉，将面饼的一端掀起，担在擀面杖上，擀面杖顺同一方向滚动，将面饼卷起来。将擀面杖移动到模具的边缘处，并向反方向滚动，将面饼在模具上铺开，并用手按实，使之贴合模具底部内壁。

13. 刻纹

刻纹是指用小刀在面饼边缘雕刻出一圈规则的花纹。刻纹不仅能帮助面团在烘烤过程中迅速膨胀，还能增加美感。刻纹时应从边缘入刀，由外向内发力，宽度应为5毫米。

14. 三折法

将面饼折三折，再擀开，重复数次以制成酥皮：先用擀面杖将面饼擀成长为宽3倍的长方形，将长边三等分，两侧先后向中间折叠，将面饼叠成三层。最后，用保鲜膜裹好，放入冰箱冷藏。

15. 四折法

将面饼像叠被子一样折成四层，再擀开，重复数次以制成酥皮：先用擀面杖将面饼擀成长为宽3倍的长方形，将长边四等分，两端同时向中间折叠。然后再对折一次。用保鲜膜裹好，放入冰箱冷藏。

黄油及蛋液

1

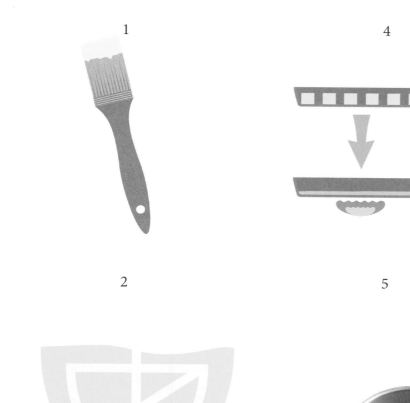

4

6

2

5

7

3

8

1. 润滑模具

用毛刷蘸少许软化黄油，均匀地涂抹在模具内壁。目的是在烘焙结束后能顺利脱模。

2. 软化黄油

软化的黄油是一种"膏"状黄油（而非液态），其质地柔软。软化黄油的方法如下：将黄油切成小块，倒入干净的碗（或和面桶）中，常温下静置1—2小时，再用搅拌棒（或带搅拌桨的搅拌机）打散。

3. 乳化

将软化的黄油和细砂糖混合后用打蛋器搅拌，直至混合物颜色变浅，质地变轻盈。

4. 焦化黄油

将黄油倒入煮锅中小火加热，直至黄油变成深褐色。

5. 澄清黄油

澄清黄油是一种经过提炼，无杂质的纯油脂。将黄油倒入煮锅中，小火加热至融化，用汤勺将黄油表面漂浮的杂质舀出丢弃，将黄色的油脂（即澄清黄油）倒入干净的碗中，倾倒时需小心滤掉锅底的白色物质（即乳清）。

6. 分蛋

将鸡蛋的蛋黄与蛋白分离。

7. "丝带状"面糊

蛋液与细砂糖混合后用打蛋器搅拌，直至混合物质地均匀，浓稠度适中。用打蛋器挑起面糊，如面糊成丝带状向下滴落，则证明制作成功。

8. 搅打至乳白色

向蛋黄或黄油中加入细砂糖，用打蛋器搅拌，直至混合物变成乳白色。

其他

1

4

5

2

6

8

3

7

9

1. 过筛

用粉筛或漏勺去掉粉类中的杂质或结块。

2. 过滤

用筛网或漏勺去除液体中的杂质或大颗粒。

3. 烘烤水果干或谷物种子

烘烤水果干或谷物种子的目的在于提升香味，方法如下：将水果干或谷物种子放在烤盘上入炉烘烤，炉温180℃，烘烤10分钟左右；或将水果干或谷物种子放入炒锅中（炒锅中不要放油），小火加热并不停翻炒。切忌将水果干或谷物种子烤焦。

4. 裱花

将面团或面糊装入裱花袋（根据需要可配有或不配裱花嘴）中，并挤出各种形状（应用于圆形蛋糕、半球蛋糕、闪电泡芙、泡芙）。

5. 表面覆盖保鲜膜

将保鲜膜直接覆盖在面团表面（紧贴面团，中间不留空隙），以使面团与空气彻底隔绝。这种做法能够避免面团表皮风干或氧化。

6. 传统烤炉

传统烤炉中的热量由上下两根电阻管产生。热量会随着时间的推移慢慢增加。如果同时烘烤的面团多于一烤盘，则不建议使用传统烤炉。

7. 对流式烤箱

对流式烤箱除上下两根电阻管产生热量外，还配有风扇将热量均匀传送到烤箱内部各处，因此烤箱内的温度分布较为均匀。

8. 喷水

面团入炉前，用喷雾器向炉底喷水，以提高炉内的湿度。喷水不仅有助于提升面包表皮的色泽及亮度，还有利于"耳朵"的形成（此外还能延缓面包老化）。

9. 美拉德反应

面包表皮的水分彻底蒸发掉后（即烘烤的最后阶段），蛋白质和糖分所发生的化学反应，使面包表皮颜色变深，出现焦糖化的痕迹。

部分主要食材索引

版权声明

Original Title: Le Grand Manuel Du Boulanger
© Hachette Livre (Marabout), Paris, 2016
Simplified Chinese edition published through Dakai Agency

图书在版编目（CIP）数据

看图学烘焙 ：法式面包自学全书 ／（法）鲁道夫·
兰德曼著 ；王萍译. — 北京 ：北京美术摄影出版社，
2018. 6
　　ISBN 978-7-5592-0140-9

　　I. ①看… II. ①鲁… ②王… III. ①面包—烘焙
IV. ①TS213. 2

　　中国版本图书馆CIP数据核字（2018）第114164号

　　北京市版权局著作权合同登记号：01-2017-3783

责任编辑：董维东
助理编辑：张　晓
责任印制：彭军芳
装帧设计：北京利维坦广告设计工作室

看图学烘焙
法式面包自学全书
KAN TU XUE HONGBEI

[法]鲁道夫·兰德曼　著

王萍　译

出　版　北京出版集团公司
　　　　　北京美术摄影出版社
地　址　北京北三环中路6号
邮　编　100120
网　址　www.bph.com.cn
总发行　北京出版集团公司
发　行　京版北美（北京）文化艺术传媒有限公司
经　销　新华书店
印　刷　北京汇瑞嘉合文化发展有限公司
版印次　2018年9月第1版第1次印刷
开　本　787毫米×1092毫米　1/8
印　张　36
字　数　150千字
书　号　ISBN 978-7-5592-0140-9
定　价　189.00元

如有印装质量问题，由本社负责调换
质量监督电话　010-58572393